Nyang George Ndifon

Uma abordagem de baixa tecnologia para o fabrico de bambu laminado

Nyang George Ndifon

Uma abordagem de baixa tecnologia para o fabrico de bambu laminado

ScienciaScripts

Imprint

Any brand names and product names mentioned in this book are subject to trademark, brand or patent protection and are trademarks or registered trademarks of their respective holders. The use of brand names, product names, common names, trade names, product descriptions etc. even without a particular marking in this work is in no way to be construed to mean that such names may be regarded as unrestricted in respect of trademark and brand protection legislation and could thus be used by anyone.

Cover image: www.ingimage.com

This book is a translation from the original published under ISBN 978-620-2-31792-4.

Publisher:
Sciencia Scripts
is a trademark of
Dodo Books Indian Ocean Ltd. and OmniScriptum S.R.L publishing group

120 High Road, East Finchley, London, N2 9ED, United Kingdom
Str. Armeneasca 28/1, office 1, Chisinau MD-2012, Republic of Moldova, Europe
Printed at: see last page
ISBN: 978-620-8-02168-9

DEDICAÇÃO

Este trabalho é dedicado à minha querida mãe e irmã de abençoada memória, Ndifon Elizabeth Anyim.

AGRADECIMENTOS

Agradeço ao presidente do júri, ao examinador, ao meu supervisor, o Pr. Eng. Francesco Marotti de Sciarra da Universidade de Pádua, que foi muito útil durante todo o projeto. Um agradecimento especial ao Diretor da Escola Nacional Avançada de Obras Públicas, Pr. NKENG George ELAMBO pela sua grande contribuição e dedicação para a promoção e o sucesso do novo estatuto académico.

Profunda gratidão ao Pr. Esoh Elame e ao Prof. Carmelo MAJORANA, Chefe do Departamento de Engenharia Civil e Ambiental da Universidade de Pádua, pelo papel que desempenharam, juntamente com outros, para criar e manter esta parceria entre a Universidade de Pádua e a Escola Nacional Avançada de Obras Públicas. Agradecemos também ao Chefe do Departamento de Engenharia Civil da Escola Nacional Avançada de Obras Públicas (NASPW), Pr. Michel MBESSA, pelas suas orientações meticulosas, acompanhamento diário do trabalho de tese e conselhos que desempenharam um papel indispensável na realização deste projeto. A gratidão vai também para o pessoal docente e administrativo da Escola Nacional Superior de Obras Públicas e da Universidade de Pádua, que nos acompanharam ao longo deste difícil percurso da nossa vida académica. Agradecemos também a todos os nossos colegas da turma de 2015/2016, especialmente aqueles com quem trocámos muitas ideias relacionadas com esta tese. Expresso a minha sincera gratidão a toda a minha família e amigos pelo seu apoio.

LISTA DE ABREVIATURAS

- MOE = Modulus of Elasticity

- MOR=Modulus of Rupture
- COV= Coefficient of Variation
- MCS= Maximum Crushing Strength
- SD= Standard Deviation
- LDS= Laser Displacement Sensor
- ASTM= American Society of Testing Materials
- SG= Specific Gravity
- mm= milimeter
- m=meter
- GPa= Giga Pascals
- MPa= Mega Pascals
- g/m2 = grams per squared meter
- kg/cm2= Kilograms per squared centimetre
- KN= kilo Newtons
- %= percentage

Currículo

A utilização do bambu como material de construção aumentou com a
vulgarização do conceito de "desenvolvimento sustentável". Ce matdriau ultra renouvelable a une
tres basse dnergie englobee et rapport de la robustesse sur le poids est beaucoup plus elevequecelui
sur l'acier, le bdton et le bois. Um produto de nova geração fabricado a partir do bambu, conhecido
pelo nome de "bambu lamind", suscitou um interesse particular dos investigadores nestes últimos
tempos, pelo facto de as propriedades mecânicas e físicas serem semelhantes às do bambu, mas
poderem ser produzidas em dimensões muito mais precisas. No entanto, este produto necessita de
equipamentos sofisticados e de um intenso processo de acetinagem que, em geral, limita a produção
de produtos locais. Com o objetivo de encorajar a produção local e a produção durável do produto,
este documento propõe uma técnica simples, prática e de baixo custo para o fabrico do bambu
laminado que pode ser fabricado com o bambu que se cultiva no mundo. Apresenta as propriedades
físicas e mecânicas do bambu laminado e o seu desempenho à compressão, indicando que o produto
final é mecanicamente adequado para as aplicações estruturais. A partir de dados analíticos e
experimentais, o desempenho e o efeito tecnológico do bambu e do bambu laminado são revistos,
sintetizados e analisados

de fagon a le promouvoir pour presenter une vue d'ensemble de la viabilitd du bambou comme un
materiel structural.

RESUMO

À medida que a atenção é direcionada para práticas de construção mais sustentáveis, a utilização do bambu como material de construção estrutural está a crescer como um tópico de interesse. É altamente renovável, tem baixa energia incorporada e tem a maior relação resistência/peso do que o aço, o betão e a madeira. Um produto de nova geração fabricado a partir de tiras de bambu, conhecido como bambu laminado, tem ganho ultimamente o interesse particular de investigadores e profissionais, uma vez que possui as propriedades mecânicas e físicas do bambu, mas pode ser fabricado em dimensões bem definidas. Este produto, no entanto, requer normalmente equipamento de fabrico sofisticado e processos de prensagem intensivos em energia que geralmente limitam a possibilidade de fabrico local do produto. Num esforço para incentivar a produção local e, portanto, mais sustentável do produto, este documento propõe uma abordagem simples, prática e de baixa tecnologia para o fabrico de bambu laminado, que pode ser realizada em qualquer parte do mundo onde o bambu cresce atualmente. Apresenta também as propriedades físicas e mecânicas do bambu laminado resultante, bem como o seu desempenho à compressão, e indica que o produto final é mecanicamente adequado para utilização em aplicações estruturais. Os dados experimentais e analíticos sobre a produção, o desempenho e o impacto ambiental do bambu e do bambu laminado são revistos, sintetizados e analisados para apresentar uma visão geral da viabilidade da utilização do bambu como material estrutural.

ÍNDICE DE CONTEÚDO

CAPÍTULO 1

CONHECIMENTO SOBRE O QUE É O BAMBU,
BEM COMO
DIFERENTES TEXTOS DE INVESTIGADORES

1.1 <u>CONHECIMENTO DO QUE É O BAMBU</u>

O interesse pelo bambu na construção continua a crescer à medida que a atenção se volta para a redução do impacto ambiental e da energia incorporada no ambiente construído. O bambu na sua forma natural é uma vara cilíndrica, ou caule, e faz parte da família das gramíneas. O bambu é uma erva gigante. Existem cerca de 75 géneros e 1250 espécies em todo o mundo, com uma área total de bambu de cerca de 22 milhões de hectares e uma produção de 2000 milhões de toneladas, sendo que apenas 20 destas espécies são adequadas para a construção. As diferentes espécies podem ser generalizadas em três tipos de sistemas radiculares: bambu simpodial (aglomerado), bambu monopodial (corrente) e bambu anfipodial (aglomerado e corrente). O bambu é um rizoma em que os rebentos crescem a partir da base da raiz. No bambu simpodial, os caules de bambu crescem próximos uns dos outros para formar uma touceira, enquanto o bambu monopodial parece consistir em caules individuais, embora cada caulm faça parte de um extenso sistema radicular no qual crescem rebentos individuais e as raízes continuam a estender-se se não forem controladas. O bambu anfipodial é uma mistura das duas bases radiculares. O bambu é conhecido por ser uma das plantas de crescimento mais rápido do mundo. A sua taxa de crescimento varia de 30 cm a 100 cm por dia. O bambu cresce densamente, em alguns casos mais de 10.000 caules por hectare e pode ser facilmente regenerado naturalmente. O bambu atinge o seu tamanho máximo em 60-90 dias após a germinação dos rebentos e pode ser colhido em 3 a 5 anos, consoante a espécie. A multiplicação do bambu é muito fácil, pois ele se expande naturalmente com o rizoma. A sua capacidade de expansão natural e a sua curta rotação tornaram-no conhecido como uma planta ecológica.

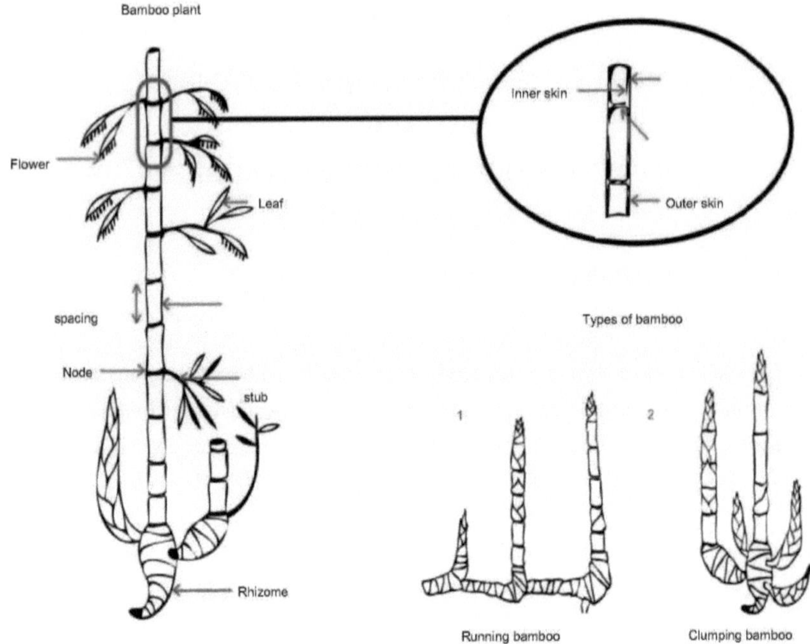

Figura 1.1. Diferentes partes de uma planta de bambu

As principais partes da planta do bambu são os rizomas e os caules. A composição do colmo do bambu inclui fibras longitudinais, alinhadas na direção vertical do bambu, dentro de uma matriz de lenhina. Em locais ao longo do caule, chamados nós, existem fibras na direção transversal. Como um material funcionalmente graduado, a distribuição das fibras aumenta a partir da parede interna do colmo, com a maior densidade encontrada na parede externa do colmo. O crescimento do material é rápido, atingindo uma altura total de até 30 m no espaço de um ano, após o que o colmo continua a ganhar força, atingindo as propriedades estruturais ideais no espaço de 3-5 anos, dependendo da espécie. É necessária uma gestão adequada da planta para manter a produção dos caules, uma vez que os caules que não são colhidos começarão a deteriorar-se e cairão em aproximadamente 10 anos. A altura do caule varia de 20 a 30 metros e pode ser separado em cinco partes, cada uma delas com 4 a 5 metros de comprimento. O crescimento rápido e a capacidade de renovação do bambu são caraterísticas ideais para utilização na construção; no entanto, o material é utilizado apenas marginalmente.

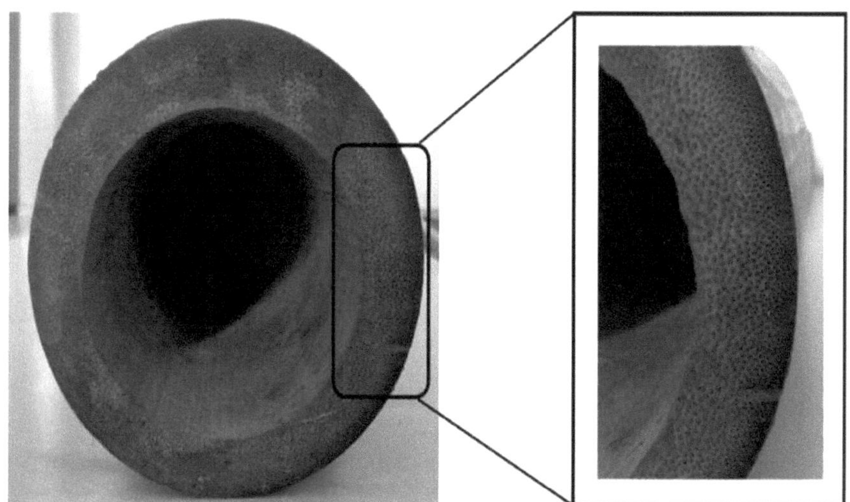

Figura 1.2: Caule de bambu e parede de caule

O bambu, no entanto, também possui um número de propriedades únicas que o tornam atrativo para ser utilizado como material de construção. Ao contrário da maioria das madeiras de lei, que demoram 50-60 anos a atingir a maturidade total, o bambu demora apenas entre 3 a 5 anos a atingir a maturidade total, tendo sido registadas taxas de crescimento diárias de até 100 cm. O bambu cresce naturalmente em todos os continentes e algumas espécies de bambu podem tolerar temperaturas superiores a 40 graus, enquanto outras espécies podem suportar geadas prolongadas. A taxa de sequestro de carbono do bambu é semelhante à de uma floresta de folhosas e o material pode, portanto, atuar como um sumidouro de carbono. Além disso, o bambu não requer pesticidas e necessita apenas de uma quantidade limitada de fertilizantes para crescer. Como tal, os benefícios ambientais da utilização do bambu na construção são semelhantes aos da madeira.

As propriedades mecânicas do bambu são comparáveis às da madeira. Além disso, os processos metabólicos no bambu não produzem subprodutos orgânicos e inorgânicos, tais como polifenóis, resinas e ceras, que podem levar a propriedades favoráveis de encolhimento, durabilidade e colagem.

Figura 1.3. Floresta de bambu não mantida (lado direito) e floresta de bambu mantida (lado esquerdo)

1.2 DIFERENTES ARTIGOS DE INVESTIGADORES

A revisão que se segue explora o desenvolvimento do bambu, bem como do bambu artificial, e tem como objetivo fornecer informações sobre a utilização do bambu em aplicações estruturais e a investigação emergente sobre o desenvolvimento de produtos de bambu artificial. Embora este não seja um campo de investigação muito conhecido, a seguinte revisão da literatura identifica áreas para desenvolvimento futuro que fornecerão uma base para o avanço deste novo material:

Mahdhavi et al (2012) estudaram um método de baixo custo para a produção de bambu laminado utilizando Phyllostachys pubescens Mazel ex J. Houz. Os laminados foram fabricados com caules que foram divididos ao meio e depois martelados para replicar a produção de tiras, que ainda estavam integradas no caulm. O método é semelhante ao do fabrico de aparas de bambu, em que o colmo é dividido e esmagado mantendo a direção das fibras. Nugroho e Ando (2001) criaram bambu laminado a partir de esteiras trituradas de P. pubescens Mazel. As esteiras foram criadas utilizando caules divididos que foram achatados para manter a direção das fibras. As esteiras esmagadas foram planeadas para remover as superfícies interior e exterior, tal como no processamento de tiras de bambu laminado. Os autores variaram então a orientação das superfícies interna e externa do bambu esmagado dentro do laminado.

O estudo indicou que não havia diferença significativa na orientação das fibras internas e externas. Nugroho e Ando (2000 e 2001) estudaram a viabilidade da utilização de esteiras de bambu prensadas a quente para o fabrico de madeira laminada de bambu e verificaram que o módulo de rutura e o módulo de elasticidade eram comparáveis aos produtos de madeira laminada. Ahmad e Kamke (2003) relatam uma maior durabilidade da madeira de cordões paralelos fabricada a partir de bambu de Calcutá contra o envelhecimento acelerado. Mahdavi et al. (2011) referem que a madeira laminada de bambu tem propriedades comparáveis às dos produtos de madeira laminada, enquanto Correal et al. (2010) referem o efeito do tipo e da quantidade de adesivo nas propriedades mecânicas da madeira laminada de bambu guadua. Lee et al. (1994) verificaram que as propriedades físicas e mecânicas do bambu moso são afectadas pela localização em altura dos caules. Xian et al. (1995) estudaram a variação das propriedades mecânicas do bambu moso e estabeleceram uma equação para prever o módulo de elasticidade à tração a partir da posição radial. Li (2004) investigou a variação da gravidade específica e das propriedades de flexão do bambu moso e verificou que a gravidade específica e as propriedades de flexão diminuem das camadas exteriores para as interiores dos caules de bambu. Rittironk e Elnieiri (2007) e Sulastiningsih e Nurwati (2009), investigaram uma técnica de processamento de bambu laminado em que as tiras de bambu eram produzidas alimentando os caules através de uma máquina divisora que cortava os caules de bambu em tiras finas. Todas as superfícies das tiras foram raspadas e planificadas para remover a cera e a sílica, bem como para criar secções transversais rectangulares. Foi aplicada cola nas tiras, que foram depois dispostas ordenadamente ao lado e em cima umas das outras para criar o produto final.

Para compreender melhor como é que o bambu e os produtos de bambu se comparam a outros materiais de construção com base no desempenho ambiental, foi efectuada uma análise do ciclo de vida ambiental do bambu gigante menos espinhoso (Guadua angustifolia Kunth) da Costa Rica na sua forma original, que foi apresentada por Van der Lugt et al. (2006). Rudolf et al, (2006) alegaram que, na indústria da construção civil, a escassez e o custo elevado das varas Wawa, outrora utilizadas para andaimes e para a moldagem de pavimentos de betão, foram substituídas por caules de bambu. Te Roopu Taurima, et al. (2014) apercebeu-se de que a qualidade da madeira laminada de bambu depende do fabricante e da maturidade da planta colhida (seis anos considerados o ideal); o bambu mais forte é alegadamente três vezes mais duro do que a madeira de carvalho, embora outros possam ser mais macios do que a madeira de lei normal. Larbi, (2003) observou que o bambu deve ser temperado sob um telheiro numa plataforma elevada a vinte e cinco centímetros acima do solo, numa área bem ventilada, e também reiterou que este método preserva o bambu durante pelo menos dez meses. Van der Lugt (2008) apercebeu-se de que a utilização de todo o caule é altamente eficiente, mas no âmbito dos processos de fabrico individuais, a eficiência da utilização dos materiais diminui, embora os resíduos sejam frequentemente utilizados para a produção de energia. Também se apercebeu de que, no caso do bambu, a eficiência da produção varia consoante o fabricante e é de aproximadamente 80% para o bambu scrimber e 30% para o bambu laminado.

A madeira laminada de bambu é geralmente produzida como uma tábua de secção transversal retangular fabricada através do achatamento de caules de bambu e da sua colagem em massa para formar um compósito ligado, tal como relatado por Nugroho et al, (2001) & Sulastiningsih et al, (2009). De acordo com van der Lugt et al, (2006) a função estrutural do bambu é amiga do ambiente, capaz de recuperar grandes quantidades de armazenamento de carbono da terra de 61,05 toneladas por hectare em aldeias de bambu. O diâmetro, a espessura do bambu, o comprimento inter-nodal, a distribuição da estrutura macroscópica graduada e a conceção estrutural microscópica graduada das fibras conduzem a propriedades favoráveis do bambu, tal como referido por Amada et al (1997). Jassen(1995) chegou ao facto de que o bambu pode ser colado muito bem, uma vez que não contém os mesmos extractos químicos que a madeira. Sharma et al, (2015) apresentaram que a eficácia da tensão e o nível de intensidade da pressão do bambu é cerca de três vezes e cerca de duas vezes superior ao da madeira, respetivamente. Tem uma pele espessa, com uma cavidade no interior, que explica a sua forte firmeza de flexão. Chung et al (2002) verificaram que o bambu, após o seu fabrico e transformação, tem uma forte resistência à compressão e à tração, um forte grão em fenda, uma resistência à compressão e uma elevada relação de desempenho anti-pressão suave, leve e forte, uma excelente elasticidade e tenacidade, que é difícil de encolher e deformar. Devido à resistência ao efeito de reforço, o bambu suporta uniformemente as tensões com um desempenho físico e mecânico seguro semelhante ao do aço, o que explica o facto de ser designado por aço vegetal devido à sua resistência em comparação com outros materiais de construção próximos do aço. Bansal e Zoolagud (2002) analisaram o processo de fabrico de painéis de bambu na Índia, utilizando esteiras tecidas, mergulhadas em resina fenólica de formaldeído, que são depois prensadas em várias camadas para formar painéis. As esteiras são formadas com bambu dividido com a camada epidérmica (que se supõe ser a camada interna) removida e depois tecidas num ângulo de 45". Xiao et al. (2013) também utilizaram um compósito bidirecional, organizando o bambu em camadas longitudinais e transversais no GluBam e também observaram uma relação de 4:1 de camadas longitudinais para transversais, com um módulo de elasticidade e módulo de rutura comparáveis a outros estudos de bambu laminado. Em comparação com um laminado de bambu unidirecional, a rigidez adicional do compósito bidirecional é vantajosa para algumas aplicações. Correal et al. (2010) exploraram a taxa de espalhamento da cola em bambus laminados com cola da espécie Guadua. Os resultados indicaram que havia pouca diferença entre os tipos de adesivos e que a taxa de espalhamento de nível médio era ideal, aproximadamente 300 g/m2 para a face larga e 150 g/m2 para as faces estreitas. Yu et al (2011) aperceberam-se de que a análise do ciclo de vida do bambu estrutural está a ser cada vez mais explorada, com estudos centrados nos impactos ambientais associados à construção de colmos completos. Os resultados experimentais conduzidos por Peng et al, (2015) validam a secção de junta de bambu como uma secção de junta mais forte e flexível do que outra secção de junta de madeira semelhante. Os resultados do estudo efectuado por Sharma et al, (2015) também indicam que os produtos de madeira laminada de bambu têm propriedades que se comparam ou ultrapassam as da madeira.

Mansur (2000), Wang (2001) e Li (2004) provaram, após várias experiências, que a densidade relativa dos caules de bambu diminuía consideravelmente das camadas exteriores para as interiores e de cima para baixo. Grosser & Liese (1971), Ma & Ma (1996) e Wang (2001) mostraram que, das camadas exteriores para as interiores e de cima para baixo, a percentagem de fibras diminui e a percentagem de parênquima aumenta consideravelmente. Nath et al. (2009) registaram uma densidade seca em estufa entre 500-800 kg/m3 para o bambu, que é muito semelhante à da maioria das espécies de madeira macia. Além disso, Liese (1992) relatou que os processos metabólicos no bambu não produzem subprodutos orgânicos e inorgânicos, tais como polifenóis, resinas e ceras, que podem levar a propriedades favoráveis de retração, durabilidade e colagem. Os resultados dos ensaios efectuados por Yu et al. (2008) indicaram que o módulo de elasticidade longitudinal e a resistência à tração do bambu Moso dependem claramente da posição radial. Num estudo de De Flander e Rovers (2009), a ideia de substituir outros materiais de construção por bambu foi considerada numa perspetiva de fornecimento. Neste estudo, foi analisado quantitativamente um cenário em que o bambu seria utilizado como um material "moderno"; um material que substituiria materiais de construção como o tijolo, o betão e a madeira. Yu et al. (2008), também descobriram que as propriedades de resistência aumentavam com a altura, como resultado das diferentes espécies de bambu utilizadas. Beukers e Bergsma (2004) exploraram a conceção de compósitos de bambu em relação à eficiência e a investigação centrou-se na utilização de fibras curtas extraídas em vez de secções laminadas de bambu. Xiao et al. (2013) investigaram o bambu laminado colado e analisaram o desempenho ambiental do processo de fabrico em comparação com outros materiais de construção tradicionais, como a madeira, o contraplacado, o cimento, o alumínio e o aço. A análise do método de fabrico fornece um vislumbre da energia incorporada e dos impactos associados, embora seja necessário um âmbito alargado para incluir as entradas adicionais, a fim de compreender plenamente os impactos ambientais e os custos associados aos produtos de bambu artificiais.

Através da análise de estudos publicados, foram identificadas áreas-chave de investigação, bem como outras áreas de investigação, a fim de determinar plenamente as potenciais aplicações do bambu e dos produtos de bambu artificiais.

CAPÍTULO 2

PROCESSO DE PRODUÇÃO DE BAMBU LAMINADO

<u>INTRODUÇÃO</u>

O bambu surgiu como uma matéria-prima alternativa promissora para a construção ecológica e sustentável devido à sua rápida taxa de crescimento, curta idade de rotação e elevada resistência. O bambu tem sido amplamente utilizado na vida quotidiana das pessoas para: artesanato, matéria-prima para cestos de papel e até como vegetal. Mais recentemente, o bambu é utilizado para cofragem de betão, andaimes e materiais de habitação e até como substituto dos varões de reforço de aço na construção de betão, entre outros. Também as empresas de pavimentos estão a tentar popularizar os pavimentos de bambu feitos de pequenos pedaços de bambu que são cozidos a vapor, achatados, colados, acabados e cortados. O bambu tratado é um material forte que tem sido utilizado em alguns países como a China e o Japão para construir casas. Tecnicamente, a produção de bambu laminado requer equipamento de fabrico pesado e processos de prensagem rigorosos, normalmente encontrados em fábricas comerciais. Este documento, no entanto, concentra-se no fabrico de bambu laminado localmente sustentável usando tecnologia simples mas pragmática e apropriada que pode ser gerida por qualquer pessoa, mesmo nos países em desenvolvimento. O bambu, sendo um tubo oco, é eficiente na resistência a forças de flexão, tendo uma grande relação entre o momento de inércia e a área da secção transversal. No entanto, é difícil criar ligações para esta forma, e os tubos não podem ser utilizados em aplicações onde são necessárias superfícies planas. O bambu laminado resolve estas deficiências na forma natural do bambu, porque é formado em secções rectangulares que são mais adequadas para uso em aplicações estruturais tradicionais. O bambu laminado foi criado em estudos de pesquisa usando adesivo para unir fios ou superfícies achatadas retiradas do caule. O resultado é um elemento estrutural retangular composto com caraterísticas altamente renováveis que o tornam competitivo, neste aspeto, com os materiais de construção habitualmente utilizados.

2.1 <u>MÉTODO GERAL DE PRODUÇÃO</u>

Foram utilizados os seguintes materiais: bambu, PVA, luvas, pincéis, lápis, fita métrica, lixa, selador para lixar, cera, diluente, verniz, pregos, cola de acetato de polivinilo e pirinex 48EC, querosene. As ferramentas e o equipamento utilizados no projeto incluíam: pinça, divisor, esquadro, régua de aço, gabarito de marcação, gabarito de corte, serra de corte transversal, serra de corte, serra de espiga, plaina Jack, plaina de alisamento, lâminas de raio, cinzéis, malho, goivas, limas, chaves de fendas, machete, tenazes, martelo, grampo G, grampo de folha, serra de bancada, plaina de superfície, máquina de espessura, lixadeira orbital, lâmina de serra e ferro de soldar. A amostra de bambu colhida foi selecionada com base nos seguintes critérios: conhecimento da homogeneidade ao longo do

14

tronco, ausência de defeitos tais como ataques parasitários, fungos, podridão, tamanho oco, tronco bastante espesso sem distorções, presença mínima de uma saliência de nó de ramo e quase o mesmo espaço de comprimento e altura. Os colmos de bambu selecionados foram completamente embebidos em água durante vinte e um dias. Esta operação foi efectuada para reduzir o teor de hidratos de carbono do bambu e determinar visualmente a extensão dos danos causados pelos gorgulhos e pelas pragas, caso existam, para posterior eliminação. Posteriormente, o bambu foi seco num galpão por um período de três semanas. A observação prova que os colmos de bambu colocados ao ar livre desenvolveram fissuras ao longo das superfícies devido à rápida taxa de secagem, ao passo que os colocados sob o telheiro apresentaram fissuras insignificantes. Esta observação está de acordo com o facto experimental de que o bambu deve ser temperado debaixo de um telheiro, numa plataforma elevada a vinte e cinco centímetros acima do solo, numa área bem ventilada.

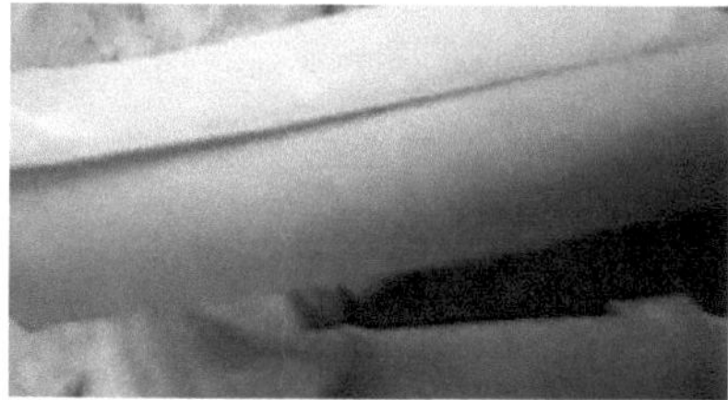

Figura 2.1. Fissuras nos caules de bambu devido à secagem ao ar livre

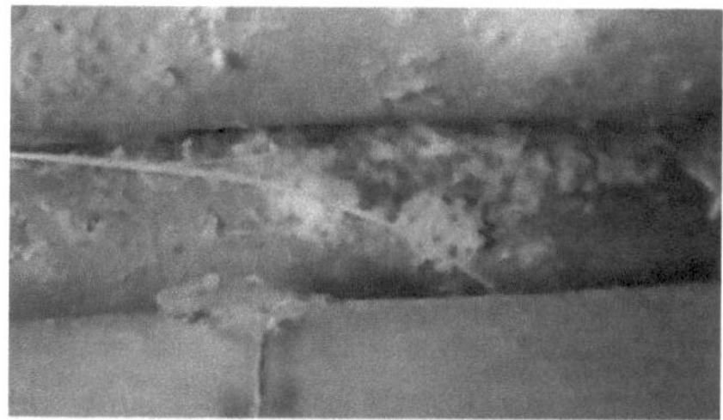

Figura 2.2: Caules de bambu afectados por insectos, fungos

Após o processo de tempero ou secagem, os caules de 4m a 5m de comprimento foram novamente cortados com uma faca muito afiada em pedaços de 1m a 1,5m, de modo a obter peças rectas. Cada peça é dividida com a utilização de uma catana ou de uma máquina de corte no sentido radial em número adequado de fatias e

Figura 2.2. Caules de bambu já cortados e prontos para serem cortados

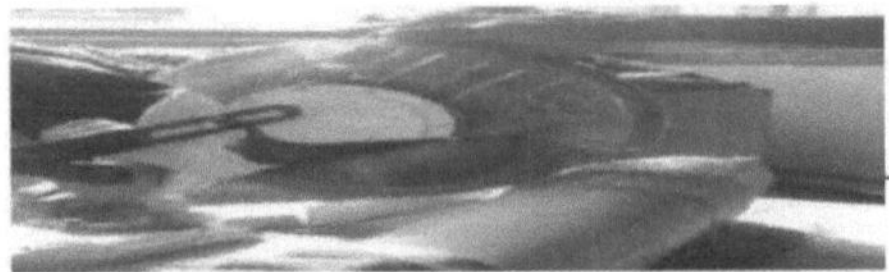

Figura 2.3. Corte dos caules de bambu com um comprimento de 1m-1,5m

as fatias de bambu quase achatadas são passadas por uma máquina de trituração para remover as camadas interior e exterior. As camadas exterior e interior, que contêm sílica, cera e parênquima, foram removidas para aumentar a capacidade de ligação dos caules de bambu.

Figura 2.6. Corte de caules de bambu

Figura 2.7. Caules de bambu já partidos

Por conseguinte, é necessário ter cuidado com a durabilidade do bambu utilizado. Para melhorar a durabilidade do bambu, as fatias de bambu são cozidas a uma temperatura constante de cerca de 40^0 C durante três horas.

Figura 2.8. Planeamento do bambu

16

Figura 2.9.Bambu planeado

Isto é feito para matar os microrganismos na planta e também para neutralizar melhor o teor de açúcar do bambu, que constitui o ingrediente principal dos agentes biológicos de degradação.

Deste modo, o ataque a este bambu por agentes biológicos de degradação será, no futuro, praticamente negligenciável. Estas fatias são depois imersas numa solução química destinada a proteger o bambu contra o ataque de insectos. Para acelerar o processo de conservação, foi introduzido na mistura um (1) galão de querosene, que foi depois seco num forno a 80° C até atingir um teor médio de humidade de 5%. Uma vez secas as fatias, as suas quatro faces são polidas com uma máquina para aplanar as suas superfícies, obtendo-se lâminas de bambu.

Figura 2.10. Colagem e prensagem de bambu

Figura 2.11: Colagem da abertura do bambu laminado

Cada lâmina de bambu tem cerca de 7 mm a 10 mm de espessura, 20 mm a 25 mm de largura e 1 m a 1,5 m de comprimento. Todas as lâminas são impregnadas com um adesivo ao longo da face estreita e empilhadas para formar uma folha de bambu. Normalmente, é efectuado um ensaio de calibração do adesivo para saber qual o adesivo adequado a utilizar, bem como a quantidade adequada a utilizar. Os procedimentos de ensaio selecionados para o programa de calibração do adesivo foram a flexão estática e o corte em linha colada. Cinco amostras de cada tipo, ou seja, adesivo e taxa de espalhamento, foram testadas numa máquina de ensaios universal no laboratório de materiais. Devido à inexistência de ensaios normalizados para o bambu laminado, foram utilizadas as especificações das normas ASTM D1037 (2006) e D143 (2007) para os ensaios de cisalhamento em linha colada e de flexão estática, respetivamente. O programa de calibração do adesivo consistiu em duas etapas.

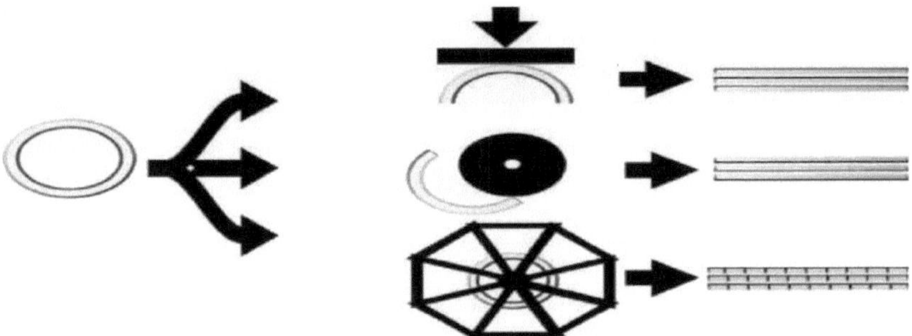

Figura 2.12. Métodos de obtenção de material de base para bambu laminado

O objetivo da fase I era determinar o melhor adesivo do ponto de vista da sua resistência. Para esta fase, foram selecionados quatro tipos de adesivo - ureia-formaldeído (UF), melamina-formaldeído (MF), melamina-ureia-formaldeído (MUF) e uma mistura de 50% de ureia-formaldeído (UF) e 50% de melamina-formaldeído (MF) - e duas taxas de espalhamento do adesivo aplicadas nas faces estreita (200 gm^2 e 250 g/m^2) e larga (400 gm^2 e 500 g/m^2) das lâminas. Estas taxas de espalhamento foram baseadas nas especificações e recomendações do fabricante do adesivo.

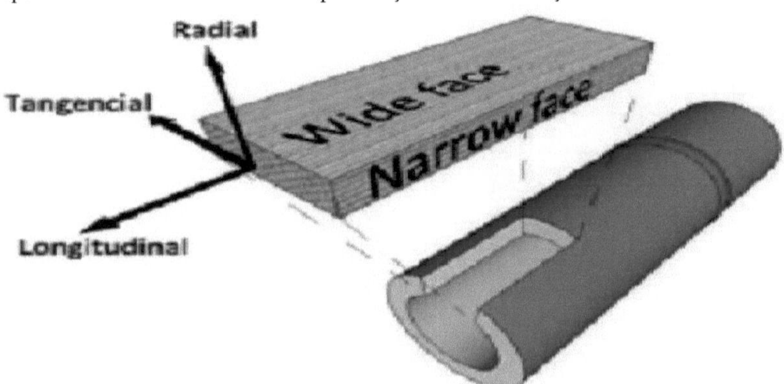

Figura 2.13.Direcções locais para indicar a direção da divisão do bambu

Uma vez selecionado o melhor tipo de cola com base nos resultados da fase I, a fase II começa a estimar a taxa de espalhamento ideal. A taxa de espalhamento utilizada ao longo das faces estreitas foi metade da utilizada nas faces largas. A quantidade de adesivo nas faces largas em g/m^2 foi de 260, 280, 300, 400 e 450. É aplicada às lâminas uma prensa quente a 100° C com uma pressão lateral de 1,2MPa. Uma vez curada a cola, as lâminas de bambu são coladas pelas faces largas de modo a formar tábuas numa prensa quente a uma pressão de 2MPa durante 15 minutos a 100° C.

Figura 2.14. Amostras de bambu laminado

A investigação utilizou um cinzel para remover os nós interiores das tiras para as aplanar e abrir caminho para um alisamento fácil. As tiras foram alisadas com uma lixa grossa para permitir que o material fibroso aparecesse na frente, no verso e nos lados do compósito laminado. Uma proporção de adesivo (cola de acetato de polivinilo) de aproximadamente 180 g/m2 foi aplicada manualmente nas tiras para o processo de laminação.

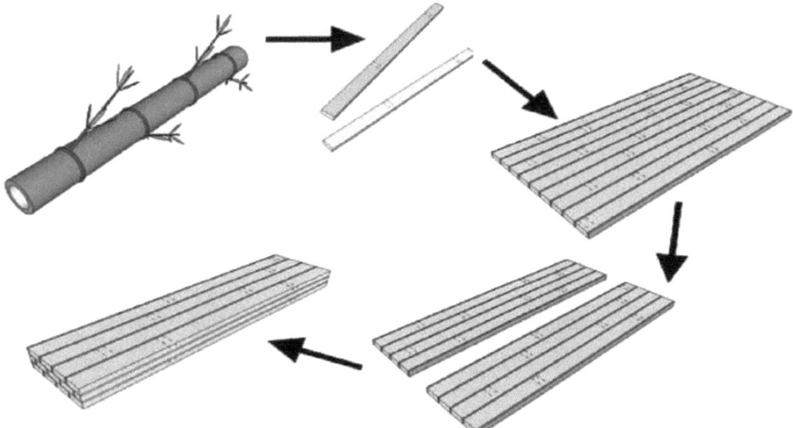

Figura 2.15.Breve procedimento para o fabrico de bambu laminado

Os membros preparados das tiras foram dispostos de forma plana uns com os outros numa estrutura para ajudar a alinhar firmemente a orientação das tiras durante o processo de laminação. Para evitar potenciais falhas de corte nas aplicações de madeira composta, as pilhas foram dispostas de modo a que as superfícies interiores das camadas intermédias formassem as linhas mais centrais e as superfícies interiores das camadas exteriores entrassem em contacto com as superfícies exteriores das camadas interiores.

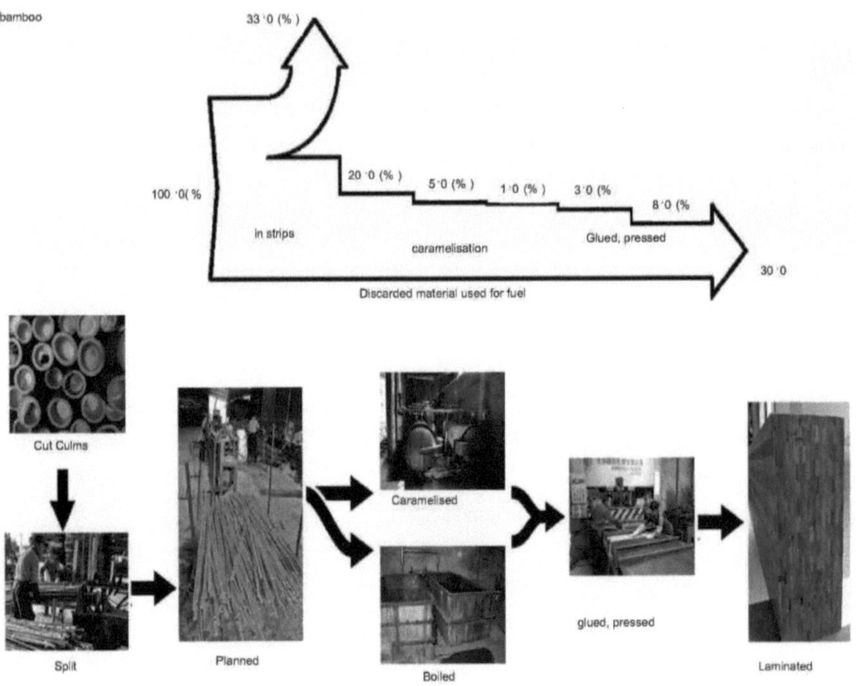

Figura 2.16. Procedimento ou etapas explícitas na produção de bambu laminado

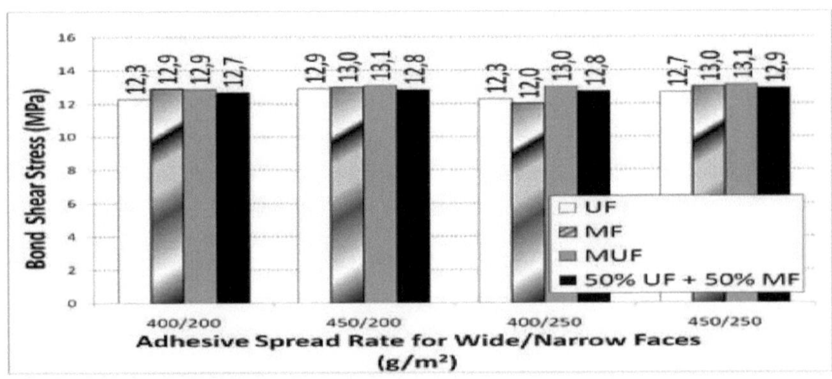

Figura 2.17.Resistência ao corte da ligação para diferentes tipos de colas selecionadas

O bambu laminado é um conceito relativamente novo que também envolve a colagem de material de bambu em várias formas, por exemplo, fios ou esteiras, para formar tábuas rectangulares, semelhantes à madeira serrada. Isto foi efectuado de três maneiras ou métodos por alguns cientistas para obter diferentes formas de bambu laminado. As suas várias técnicas de produção, bem como o desempenho estrutural das diferentes formas de bambu laminado, serão discutidos a seguir.

2.2 TÉCNICAS DE PRODUÇÃO

2.2.1 MÉTODO 1:

Nugroho e Ando (2001) investigaram uma técnica para processar bambu laminado por esmagamento progressivo dos caules de bambu com trituradores de prensa de rolos para criar esteiras de fios de zéfiro. As esteiras foram prensadas a quente entre as temperaturas de 150°C e 180°C para obter estabilidade dimensional e para criar uma superfície mais lisa, com menos irregularidades e menos vazios, uma vez que os espaços entre os fios podem enfraquecer o material.

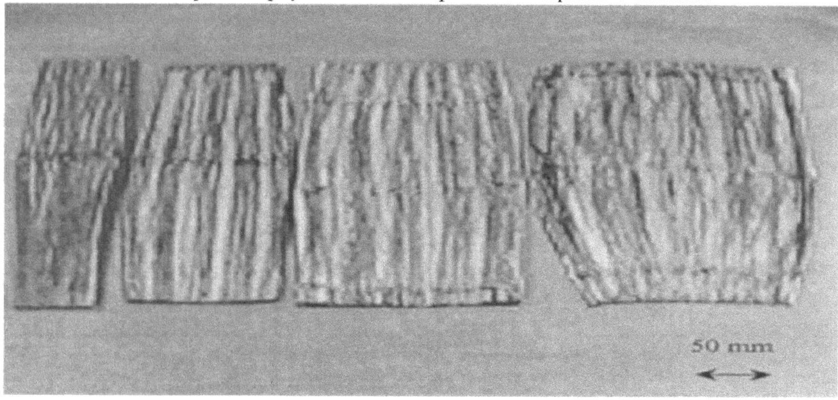

Figura 2.18. Esteira de bambu zephyr de tratamento prensado a quente de baixas a altas temperaturas (da esquerda para a direita)

Verificou-se que a imersão de espécimes em água a ferver durante 1 minuto tendia a ajudar no achatamento das fibras a baixas temperaturas de prensagem entre 100° C e 130° C, mas tinha menos eficácia a temperaturas de prensagem mais elevadas entre 150OC e 180 OQ

Após a prensagem a quente, os tapetes foram passados por uma plaina para remover as suas camadas

21

interior e exterior, que contêm cera e sílica que enfraquecem a ligação adesiva. As esteiras zephyr foram revestidas com adesivo à base de resorcinol e empilhadas umas sobre as outras. As superfícies interiores foram coladas às superfícies interiores ou exteriores.

Foram testadas três taxas de espalhamento de cola para obter uma força de ligação interna óptima. A resistência da colagem interna foi óptima quando se utilizou uma taxa de espalhamento de cola de aproximadamente 300 g/m^2 e se juntaram as superfícies exteriores às interiores dos tapetes.

Após a aplicação do adesivo, as pilhas de esteiras zephyr foram prensadas a frio até que o adesivo estivesse totalmente colado. O produto foi então condicionado a 25OQ e 65% de humidade relativa durante pelo menos duas semanas, obtendo-se então o produto final.

Figura 2.19. Produto final da esteira zephyr de bambu laminado

2.2.2   MÉTODO 2:

Outra técnica foi investigada por Rittironk e Elnieiri (2007) e Sulastiningsih e Nurwati (2009), em que as tiras de bambu foram produzidas alimentando caules através de uma máquina divisora que cortava os caules de bambu em tiras finas. Todas as superfícies das tiras foram raspadas e planificadas para remover a cera e a sílica, bem como para criar secções transversais rectangulares. Foi aplicada cola nas tiras, que foram depois dispostas ordenadamente ao lado e em cima umas das outras para criar o produto final.

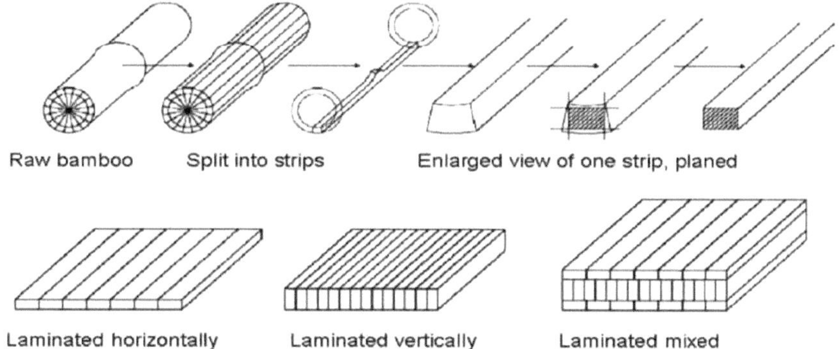

Figura 2.20. Várias etapas de laminação

Com base na abordagem de Sulastiningsih e Nurwati (2009), as tiras foram deixadas a secar ao ar à temperatura ambiente durante uma semana após o corte. As tiras secas ao ar foram depois imersas numa solução de boro e deixadas a secar ao sol até o seu teor de humidade atingir 12%. As folhas de bambu foram produzidas colocando as tiras de bambu lado a lado e colando-as com tanino resorcinol formaldeído extraído da casca de acácia negra misturado com farinha de trigo. As folhas foram então empilhadas umas sobre as outras, mantendo os grãos paralelos, utilizando o mesmo adesivo, e fixadas sem calor durante 4 horas.

Figura 2.21. Produto final da laminagem

2.2.3 MÉTODO 3:

Uma terceira técnica foi investigada por Lee et al. (1998). O procedimento começou com a divisão dos caules de bambu ao meio, longitudinalmente. Estas fendas foram depois achatadas a uma pressão de 690 kPa durante 1 a 4 minutos. A curvatura e a espessura das fendas de bambu determinaram o aumento ou a diminuição do tempo de aplicação da pressão. As camadas interna e externa do bambu achatado foram passadas por uma plaina para remover a cera e a sílica contidas nessas camadas. Foi aplicado um adesivo à base de resorcinol nas superfícies das tiras de bambu aplainadas e aplainadas. Em seguida, foram cuidadosamente empilhadas umas sobre as outras, e a pilha foi colocada sob uma pressão de 1.380kPa durante 12 horas. O produto resultante foi então condicionado a 25°C e 65% de humidade relativa durante pelo menos duas semanas.

2.3 <u>ESTRUTURA EM BAMBU LAMINADO</u>

<u>DESEMPENHO</u>

Comparação dos diferentes métodos de processamento do bambu laminado Os produtos do método 1 (Nugroho e Ando 2001), do método 2 (Sulastiningsih e Nurwati 2009) e do método 3 (Lee et al. 1998) foram testados em conformidade com as normas JIS Z-2113 (normas industriais japonesas 1997), ASTM D1037 (American Society for Testing Materials 1993) e ASTM D198 (American Society for Testing Materials 1994), respetivamente. O quadro 2 apresenta resultados selecionados destes ensaios para efeitos de comparação da eficácia dos três métodos.

O efeito da variação da disposição das camadas para uma espécie de bambu foi considerado no Método 1, com base no contacto entre a superfície interior e exterior nas interfaces onde as esteiras se encontram na presença de adesivo. Os espécimes testados tinham 4 camadas, pelo que, para cada espécime, havia três interfaces, uma no centro e duas de cada lado do centro. Foram testadas três variações: Tipo I, em que as superfícies internas do colmo foram coladas às superfícies externas em todas as interfaces; Tipo II, em que as superfícies externas do colmo foram coladas na interface central, e as superfícies internas foram coladas nas interfaces externas; e, Tipo III, em que as superfícies internas do colmo foram coladas na interface central, e as superfícies internas foram coladas às superfícies externas nas interfaces externas. O método 2 considerou duas espécies diferentes de bambu. Para o Método 3, foi utilizado um desenho fatorial 2 x 3 considerando dois teores de humidade e três taxas de espalhamento de cola com uma única espécie de bambu.

Para todos os métodos, os espécimes de flexão eram pequenos, por exemplo, 2:5 cm x 2:5 cm x 81:3 cm para o Método 3 com uma configuração de teste semelhante. Sabe-se que o efeito do tamanho influencia a resistência à flexão do bambu compósito estrutural e poderia ser um potencial ponto de discrepância para esta comparação. No entanto, com base em trabalhos anteriores, as dimensões dos cupões foram consideradas suficientemente semelhantes em escala para não constituírem uma preocupação significativa. Outro ponto digno de nota é que é possível que o Método 2 tenha utilizado uma espécie de bambu diferente dos Métodos 1 e 3, o que poderia ser uma fonte de discrepância nos resultados. A orientação das fibras foi feita longitudinalmente para todos os espécimes.

Entre esses resultados, é importante destacar a estabilidade dimensional significativamente mais baixa do bambu laminado produzido pelo Método 1 e a clara dependência entre a taxa de espalhamento de cola e o módulo de rutura do Método 3. A utilização de tratamento térmico pelo

Método 1 durante os processos de aplanamento distingue-o dos Métodos 2 e 3. Com exceção de um módulo de rutura (MOR) ligeiramente superior no bambu laminado do método 3, as propriedades dos produtos fabricados pelos métodos 2 e 3 são semelhantes. Entre os três processos, o método 3 é o mais simples e o que exige menos custos ou recursos. Este facto é uma forte evidência de que o Método 3 é o processo mais eficiente e potencialmente sustentável que produzirá um produto forte e dimensionalmente estável que é adequado para aplicações estruturais.

A Tabela 2-1 representa a comparação da eficácia dos três métodos diferentes

laminated bamboo	product		MC (%)	gravity	(%)	exp. %)	(GPa)	(MPa)
Method 1ª 4-ply	Mat layup	Type I	—	0.9	12.1	0.5	11.9	83.5
Laminated bamboo (2 × 2 × 32 cm³)		COV (%)	—	—	30.6	25	13.1	10.3
		Type II	—	0.9	12.4	0.5	12.1	86
		COV (%)	—	—	6.7	37.5	9.7	10.1
		Type III	—	0.9	11.9	0.5	10.9	74
		COV (%)	—	—	31.2	35.4	9	5.7
Method 2ª 3-ply	Species	G. apus	13.1	0.8	2.5	0.1	10	95.1
Laminated bamboo (7:6 × 1:5 × 41 cm³)		COV (%)	8.9	1.3	11.7	9.1	8	9.7
		G. robusta	12.8	0.7	4.1	0.1	9.8	87.8
		COV (%)	12.3	2.8	16.9	14.3	5	13.8
Method 3ª	Glue-spread rate (g/m² for	220	10	0.6	4.4	0.3	8	86.3
(2:5 × 2:5 × 40:6 cm³)	a single glue line)	COV (%)		—	18.9	26.7	9.5	11.9
		15	0.6	5.2	0.4	8.1	85.2
		COV (%)		—	20.1	30.3	14	21
		320	10	0.6	3.3	0.2	8.4	97.7
		COV (%)		—	13.4	22.5	10.2	7.5
		15	0.6	4.2	0.5	8.3	91.9
		COV (%)		—	15.3	31.5	13.6	13.5
		420	10	0.6	2.2	0.1	9.1	107.2
		COV (%)		—	14	30.3	11.7	10.1
		15	0.6	2.5	0.1	8.7	104.8
		COV (%)		—	15.4	41.6	8.5	6.4

MC=MOISTURE CONTENT

MOE=MODULUS OF ELASTICITY

MOR=MODULUS OF RUPTURE

COV= COEFFICIENT OF VARIATION

CONCLUSÃO

Este capítulo apresentou uma investigação sobre a utilização de um método de baixo custo e baixa tecnologia para reconstituir o bambu num produto de engenharia. Os resultados demonstraram que, ao reconstituir o bambu com adesivos, é possível superar as deficiências das propriedades do bambu natural que dificultam a sua aplicação em produtos de engenharia, tais como a elevada variabilidade das propriedades e a forma indesejável. O objetivo deste capítulo era também desenvolver uma abordagem simples e sustentável para o fabrico de bambu laminado, que mantivesse o desempenho estrutural favorável do produto final. Os processos de fabrico foram simplificados tanto quanto possível e foram utilizadas técnicas manuais em vez de técnicas altamente mecanizadas. Este estudo demonstra que uma abordagem simples e de baixa tecnologia pode levar à produção de um produto forte e sustentável para uso em aplicações estruturais.

A vantagem de tal abordagem de baixa tecnologia para o fabrico de bambu laminado é que, usando tal processo, seria possível fabricar o bambu laminado perto de onde o bambu é cultivado e onde o bambu laminado seria usado na construção em pequena escala. Esta proximidade da matéria-prima, do fabrico do material estrutural e da utilização do material estrutural pode reduzir drasticamente a energia incorporada gerada pelo transporte do material. É necessária mais investigação para aperfeiçoar a abordagem apresentada e permitir o aumento de escala para o fabrico comercial em pequena escala. Uma área que poderia ser melhorada é a aplicação de pressão lateral às camadas do bambu laminado. Apesar do facto de a abordagem proposta ter sido bem sucedida, a aplicação de pressão lateral às camadas deve ser explorada quantitativamente, num esforço para obter uma melhor compreensão do seu efeito nas propriedades de resistência. O estudo demonstra o potencial da utilização do bambu como um produto de engenharia, utilizando uma técnica de fabrico relativamente simples. Esta descoberta é importante, especialmente em países em desenvolvimento como os Camarões, no Sudeste Asiático e na América do Sul, onde o bambu é predominantemente cultivado.

CAPÍTULO 3
PROPRIEDADES FÍSICAS E MECÂNICAS DO BAMBU LAMINADO

INTRODUÇÃO

No processamento e utilização, a compreensão dos padrões de variação das propriedades do bambu pode ser crucial para otimizar a recuperação de valor. Portanto, um dos objectivos deste capítulo é obter dados sobre as propriedades físicas e mecânicas de qualquer amostra de bambu e comparar as propriedades em diferentes posições de amostragem horizontal e vertical dos caules. Esta informação pode facilitar a utilização óptima dos caules de bambu para o fabrico de produtos compósitos e outras aplicações. Para otimizar a utilização do bambu laminado, as suas propriedades físicas e mecânicas fundamentais devem ser totalmente compreendidas. As propriedades mecânicas do bambu laminado comparam-se favoravelmente com as da madeira comum, pelo que os elementos estruturais rectangulares de bambu laminado são competitivos em relação aos materiais de construção habitualmente utilizados, ao mesmo tempo que têm caraterísticas renováveis. Em 3 a 5 anos, a resistência mecânica, as propriedades de utilização e as caraterísticas anatómicas do bambu tornam-se estáveis e maduras, tornando-o adequado para várias utilizações. A utilização efectiva das lâminas de bambu requer um conhecimento das suas propriedades. Aqui, o bambu laminado foi desenvolvido e várias propriedades mecânicas, incluindo tração, compressão, resistência à flexão e resistência ao cisalhamento, foram medidas. Para além disso, foram também avaliadas as propriedades higroscópicas deste novo material. A análise das propriedades mecânicas é a investigação do comportamento dos materiais sob diferentes condições de carga. A informação sobre o comportamento de deformação, o estado de tensão e o comportamento de falha de diferentes espécies de bambu em diferentes formas é um requisito importante para a utilização efectiva destas espécies de bambu em diferentes aplicações de engenharia. Em geral, o bambu é um material ortotrópico. Foram apresentadas diferentes técnicas de ensaio, preparação de amostras e dados de ensaio para espécies típicas de bambu. As propriedades físicas e mecânicas dos laminados à base de bambu têm de ser investigadas exaustivamente para que se possa utilizar todo o potencial do bambu como compósito funcionalmente graduado. Muito trabalho de investigação tem sido feito sobre a madeira, mas menos sobre as madeiras laminadas de bambu, pelo que é necessário mais trabalho sobre este tipo de novo material de construção. Estudos anteriores demonstraram que as propriedades físicas e mecânicas do bambu variam consoante a posição nos caules.

Os ensaios mecânicos realizados foram: compressão e tração paralela e perpendicular ao grão, e cisalhamento paralelo ao grão, flexão estática, resistência à flexão, teor de humidade, ductilidade e resistência da ligação interna. Todos os ensaios foram efectuados numa máquina de ensaios universal MTS no Laboratório de Materiais. A temperatura, o teor de humidade e a humidade relativa foram registados para todos os espécimes. Para além da densidade, a dureza, a gravidade específica e o volume de retração foram as propriedades físicas determinadas neste estudo. Foram utilizadas 20 amostras em cada ensaio mecânico e físico. Os procedimentos de ensaio das propriedades mecânicas e físicas são discutidos de seguida;

3.1 PROPRIEDADES MECÂNICAS

3.1.1 COMPRESSÃO PARALELA AO GRÃO:

Os espécimes tinham 50 mm por 50 mm de secção e 200 mm de comprimento. Foi aplicada uma carga compressiva contínua de 50KN com uma taxa de carga de 0,6mm/min. A curva carga-deslocamento foi registada e o módulo de elasticidade (MOE), a tensão limite proporcional e a tensão final foram determinados.

Figura 3.1: Amostra de compressão paralela ao grão e configuração do ensaio

Geralmente, os modos de rotura sob compressão longitudinal são: micro-flexão das fibras que leva à formação de bandas de dobragem e modo de rotura por cisalhamento. Para a maioria dos espécimes, foi observado o modo de rutura por cisalhamento sob compressão longitudinal. As propriedades de resistência à compressão também foram determinadas utilizando espécimes de forma cuboide. A carga foi aplicada ao longo da direção do grão. Em geral, ambas as técnicas de ensaio apresentaram resultados quase idênticos.

3.1.2 COMPRESSÃO PERPENDICULAR AO GRÃO:

Os espécimes tinham 50 por 50 mm de secção e 150 mm de comprimento. Foi utilizada uma estrutura de carga com uma placa metálica de suporte com 50 mm de largura para aplicar uma carga de compressão contínua com uma taxa de carga de 0,3 mm/min. A carga foi aplicada até ser atingida uma deformação igual a 5% da espessura do provete e a tensão nesse ponto foi calculada. Foi determinada a tensão limite proporcional.

3.1.3 TENSÃO PARALELA AO GRÃO:

Uma carga de 50KN foi aplicada continuamente durante o ensaio a uma velocidade de 0,9 mm/min. A curva carga-deslocamento foi registada e o módulo de elasticidade (MOE), a tensão limite proporcional e a tensão final foram determinados. Este método de ensaio utiliza os espécimes que devem ter uma secção transversal reduzida no centro do seu comprimento para evitar falhas na área de aderência. Os espécimes foram feitos paralelamente aos grãos.

Figura 3.2. Amostra de tensão paralela ao grão e configuração do ensaio

Pode ver-se que as fibras de celulose são arrancadas da matriz de lenhina, ou seja, ocorreu uma descolagem interfacial, que é um modo típico de falha dos compósitos unidireccionais de vidro-epóxi. Os resultados são para espécimes sem nós, ou seja, os espécimes foram feitos a partir de caules entre dois nós. Os provetes também foram feitos a partir de caules com um nó dentro do comprimento do provete. Em geral, observou-se que a resistência à tração é inferior nos casos com nós no comprimento do provete, em comparação com os casos em que não havia nós no comprimento do provete.

Tabela 3-1. Representação do módulo de elasticidade médio e da resistência à tração paralela ao grão em diferentes posições

Property	Height (m)	Layer					
		1	2	3	4	5	6
Tensile modulus of elasticity (GPa)							
Mean	1.3	9.0	9.8	13.3	14.7	19.3	26.3
SD	1.3	1.7	1.3	0.9	1.5	2.5	2.4
Mean	4.0	10.3	12.9	15.1	16.8	21.8	27.4
SD	4.0	1.0	1.2	1.4	2.4	1.8	2.0
Tensile strength (MPa)							
Mean	1.3	115.3	115.9	132.7	179.1	228.8	281.9
SD	1.3	8.0	8.8	16.7	26.9	32.5	28.8
Mean	4.0	111.5	118.7	148.2	175.0	204.3	309.3
SD	4.0	11.7	17.1	18.2	18.8	20.8	20.3

SD=Standard Deviation

3.1.4 TENSÃO PERPENDICULAR AO GRÃO:

A carga de 50KN foi aplicada continuamente durante todo o ensaio a uma taxa de 2,5 mm/min da cruzeta móvel e a tensão de tração máxima foi calculada.

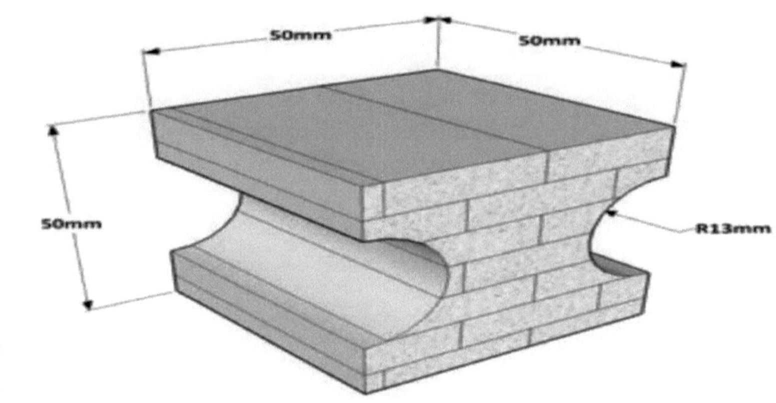

Figura 3.3. Dimensões dos provetes de tensão de tração

3.1.5 RESISTÊNCIA À FLEXÃO :

Os espécimes tinham 25 por 25 mm de secção e 410 mm de comprimento. A carga foi aplicada no centro de um vão de 350 mm com uma taxa de carga de 2,5 mm/min. A carga de rutura foi registada e o módulo de rutura (MOR) foi calculado.

Figura 3.6. Configuração do ensaio de resistência à flexão

Os provetes de ensaio têm uma secção transversal retangular e o seu comprimento é paralelo aos grãos. A carga aplicada a meio do vão do provete e a deflexão resultante são medidas. O ensaio prossegue a uma taxa constante de movimento da cabeça até que tenham sido recolhidos dados suficientes de deformação na gama elástica ou até que ocorra a rotura do provete. Para o caso em que os grãos são paralelos ao vão, o comprimento do provete é 48 vezes a profundidade do provete.

Os testes foram efectuados com os espécimes dispostos de duas formas diferentes:

- Lado exterior do caule de bambu no carregamento
lado - Lado interno do colmo de bambu no lado de carga

Foram obtidos gráficos de carga - deslocamento para diferentes casos. Com base nestes gráficos, foram calculados o módulo de elasticidade à flexão e a resistência à flexão. O declive da parte inicial da linha reta da curva dá o módulo de elasticidade à flexão. Foram efectuados estudos típicos em amostras com nós no comprimento do vão. Observou-se que o módulo de elasticidade à flexão, bem como os valores de resistência à flexão, são consideravelmente mais baixos para estes espécimes.

3.1.6 RESISTÊNCIA AO CISALHAMENTO PARALELO AO GRÃO:

A carga foi aplicada continuamente durante todo o ensaio a uma taxa de 0,6 mm/min e a tensão de cisalhamento máxima foi calculada. Este método de ensaio abrange a determinação da resistência ao cisalhamento no plano em chapas planas com espessuras que variam de 20 mm a 62 mm.

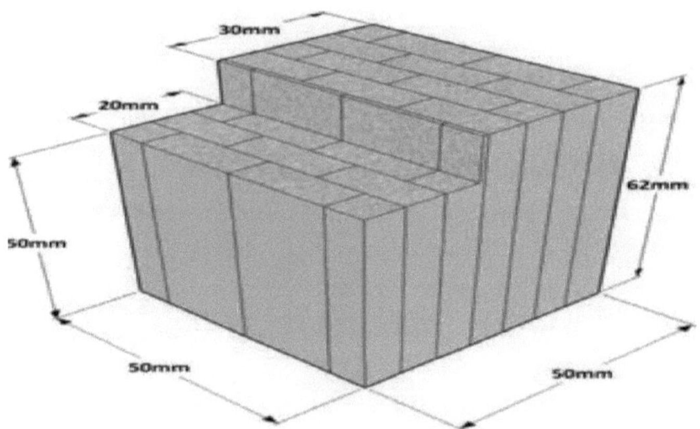

Figura 3.4: Dimensões do provete de ensaio adequado para a resistência ao corte paralelo ao grão

3.1.7 ENSAIO DE FLEXÃO ESTÁTICA:

A flexão estática foi considerada como uma das propriedades mecânicas mais importantes dos produtos de madeira, porque representa a durabilidade e a resistência, especialmente a nova geração de mobiliário de design feito de bambu laminado. As propriedades de flexão estática foram testadas de acordo com a British Standards for Testing Small Clear Specimens ofTimber (BS373:1957) usando a Máquina Universal de Ensaios, Testometric FS-300 kN MICO 500. As dimensões do provete de carga central são 20 mm de largura x 20 mm de profundidade x 300 mm de comprimento e a distância entre os pontos de apoio do provete é de 280 mm. As cabeças de carga padrão foram controladas a uma velocidade constante de 0,26 in/min.

Figura 3.5. Provete de ensaio de flexão estática e configuração

3.1.8 TEOR DE HUMIDADE:

As etapas envolvidas na obtenção do teor de humidade são :

- O bambu é pulverizado.
- O pó é condicionado a uma humidade relativa de 65 % e a uma temperatura de 27 ± 30^0 C durante
  48 horas.

O condicionamento é efectuado mantendo a amostra num exsicador fechado com solução saturada de cloreto de sódio, em frascos numerados com tampa perfurada. O equilíbrio é atingido em cerca de 48 horas. A uma temperatura de 27^0 C, a humidade relativa é de 65 %

- Determinação do teor de humidade

- Colocam-se cerca de 2 mg de amostra num frasco de pesagem (A).

- Secagem em estufa durante 2 horas a 100 -105^0 C.

- A rolha é colocada na garrafa.

- Arrefecer num exsicador com sílica gel até à temperatura ambiente.

- Pesar de novo (B).

- O teor de humidade é calculado da seguinte forma

% Teor de humidade = Peso inicial (A)- Peso final (B) x100Peso inicial

$$peso\ (A)$$

1.1.9 DUCTILIDADE:

A ductilidade é um dado importante na avaliação das propriedades mecânicas dos materiais de construção e refere-se à capacidade de deformação dos materiais, membros e estruturas sem redução óbvia da capacidade de suporte em condições não lineares sob carga ou outro efeito indireto. Nos edifícios com estrutura de madeira, a ductilidade da ligação é crucial para a estabilidade da estrutura (Falk e Moody, 1989). Especialmente em catástrofes como terramotos e tufões, a boa ductilidade de uma estrutura actuará como um amortecedor para as catástrofes, evitando que estas ocorram de uma só vez e aumentando a segurança das estruturas. Além disso, as ligações de estruturas com boa ductilidade têm a capacidade de consumir energia e consumirão a energia do terramoto. Há muitas formas de demonstrar a ductilidade dos elementos, mas neste caso o método mais frequente é a análise da curva carga-deslocamento para estudar a ligação, e a área sob a curva reflecte a ductilidade, quanto maior, melhor.

1.1.10 RESISTÊNCIA DA LIGAÇÃO INTERNA:

O ensaio de cisalhamento em linha de cola do tipo bloco foi utilizado para avaliar a resistência da ligação interna e baseia-se na norma ASTM D1037. A Figura 3.7 apresenta as dimensões do provete de ensaio e a configuração do ensaio. A carga foi aplicada através de um assento auto-alinhado com um movimento contínuo da cabeça móvel da máquina de ensaio de 0,6 mm/min. A tensão de corte na rotura com base na carga máxima é determinada

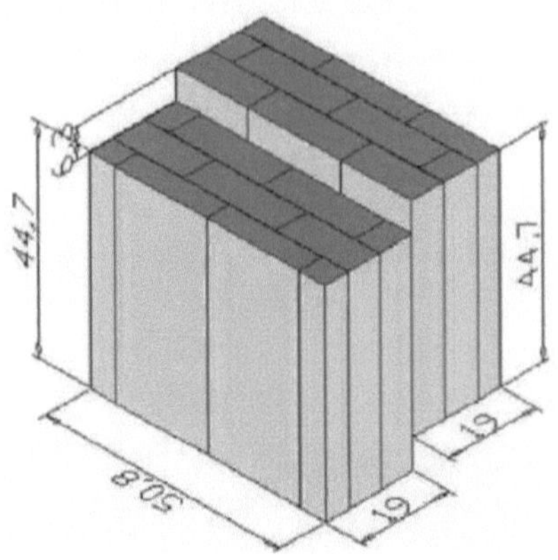

Figura 3.6. Dimensões do provete de ensaio e configuração do ensaio

3.2 <u>PROPRIEDADES FÍSICAS</u>

3.2.1 DUREZA:

O método do módulo de dureza para determinar a dureza equivalente da esfera foi utilizado para determinar o módulo de dureza e a dureza das espécies de bambu. Os espécimes tinham 50 por 50 mm de secção e 150 mm de comprimento. A carga foi aplicada continuamente durante todo o ensaio a uma taxa de movimento da cruzeta móvel de 6 mm/min. Foi registada a carga à qual a esfera penetrou até metade do seu diâmetro. O ensaio foi efectuado aplicando a força sobre o provete. A taxa de penetração da esfera de 11,3 mm de diâmetro foi utilizada para determinar o módulo de dureza. Foram obtidos gráficos de carga - penetração durante o ensaio. O declive da parte inicial da linha reta desta curva dá o módulo de dureza. O módulo de dureza dividido por 5,4 dá a dureza Jank equivalente da esfera. É de notar que a dureza Jank da esfera é um número.

322 GRAVIDADE ESPECÍFICA E VOLUME DE RETRACÇÃO:

Os provetes de ensaio tinham uma forma regular e secções transversais rectangulares, de modo a permitir a determinação do volume através de medições lineares. Os valores da gravidade específica e da retração em volume foram obtidos de cada provete com um teor de humidade de cerca de 12% das amostras na condição de secagem em estufa.

3.2.3 DENSIDADE:

Os espécimes tinham uma forma regular com secção transversal retangular e cantos em ângulo reto. As superfícies do provete eram lisas para uma medição exacta das dimensões. O comprimento, a largura e a espessura do provete foram medidos em número suficiente de locais para garantir uma indicação exacta do volume do provete. As dimensões de um provete típico eram 100 mm x 10 mm x 3 mm. As dimensões foram medidas até à segunda casa decimal. Os provetes foram secos em estufa. O peso do provete foi medido com uma precisão de miligramas. Com base no volume e no peso do provete medido, calculou-se a densidade de cada provete.

3.3 COMPARAÇÃO ENTRE BAMBU LAMINADO E OUTROS MATERIAIS ESTRUTURAIS

Um requisito muito importante sobre o qual um material pode ser investigado para se qualificar como um substituto de outro, são as suas propriedades mecânicas e físicas. Vários ensaios físicos e mecânicos efectuados em várias espécies de bambu revelaram que este é suficientemente forte para ser utilizado como material de construção. Em certas propriedades mecânicas, o bambu ultrapassa mesmo a madeira e o betão. No entanto, é difícil generalizar as propriedades do bambu, uma vez que estas diferem consoante a espécie, a idade, os factores climáticos, o teor de humidade e as diferentes alturas do caule. Geralmente, a densidade do bambu varia de 500 a 800 kg/m3. O bambu possui excelentes propriedades de resistência, especialmente resistência à tração. Estudos mostram que o bambu é tão forte como a madeira e algumas espécies excedem mesmo a resistência de alguns espécimes de madeira.

Um aumento na força é relatado como ocorrendo aos 3-5 anos e depois disso diminui. Portanto, o período de maturidade do bambu é considerado 3-5 anos no que diz respeito à densidade e força.

Tabela 3-2 Comparação de propriedades importantes do bambu com alguns espécimes de madeira

Species	SG	MC(%)	MOR (Kg/cm²)	MOE (Kg/cm²)	MCS (Kg/cm²)
Bambusa bambos	0.65	15.5	674	65000	483
B. nutans	0.72	16.0	545	85000	508
B. tulda	0.71	14.9	506	82650	615
D. strictus	0.72	10.7	1184	159490	645
Tectona grandis	0.60	12.0	959	119600	532
Shorea robusta	0.71	12.0	1318	162045	641

: Kg/cm² = Kilogram per square centimetre; SG = Specific Gravity; MC = Moisture Content; MOR = Modulus of Rupture; MOE = Modulus of Elasticity; MCS = Maximum Crushing Strength.

A comparação revela claramente que as propriedades do bambu são melhores do que as do abeto e iguais ou superiores às do aço em termos de resistência à tração. Mais importante ainda, a falha na flexão do bambu não é, de facto, uma falha total. Devido às suas fibras fortes, o bambu racha primeiro, ao contrário da madeira, que se parte quando a flexão falha. Esta qualidade do bambu permite reparar ou substituir as partes da casa que falharam. A elasticidade do bambu é melhor do que a da madeira para habitações resistentes a sismos, como ficou provado no caso de várias casas pequenas. Outra vantagem do bambu em relação à madeira é o facto de não ter raios. Os raios são mecanicamente fracos, pelo que o material de bambu é melhor em termos de cisalhamento do que o material de madeira.

Tabela 3-3 Comparação das propriedades de flexão do bambu com outros materiais usados na construção

Building materials	Specific gravity	Modulus of elasticity (MOE) (GPa)	Modulus of rupture (MOR) (MPa)	MOR to specific gravity ratio (MPa)
Giant timber bamboo[a]	0.52	10.7	102.7	197.5
Other bamboo[a]	—	9.0–20.7	97.9–137.9	—
Loblolly pine[b]	0.51	12.3	88	172.5
Douglas-fir[b]	0.45	13.6	88	195.6
Cast iron[c]	6.97	190	200	28.7
Aluminum alloy[c]	2.72	69	200	73.4
Structural steel[c]	7.85	200	400	50.9
Carbon fiber[c]	1.76	150.3	5,650.00	3,205.10

De acordo com Yu et al. (2008), a estabilidade dimensional do bambu Moso depende da "camada", referindo-se à localização dentro da parede do colmo entre os raios interno e externo. À semelhança de muitas espécies de madeira, os resultados dos ensaios revelaram que a gravidade específica com base na norma ASTM D2395 (valores entre 0,553 e 1,006) (American Society for Testing Materials 2002) e a contração tangencial de verde para seco em estufa (valores entre 4,9 e 7,8%) são maiores nas camadas exteriores, aumentando com a posição longitudinal ou a altura. Inversamente, observaram uma diminuição da retração longitudinal (valores de 0,30 a 0,09%) com o movimento das camadas interiores para as exteriores. Foi determinado que os efeitos que a altura e a camada tiveram em todas as propriedades, ou seja, gravidade específica, retração tangencial e retração longitudinal foram
estatisticamente significativos e independentes um do outro. Lee et al. (1994) apresentaram resultados para a gravidade específica e a retração ortogonal do bambu gigante. A gravidade específica para esta espécie foi, em média, de 0,52, independentemente da camada ou altura. Os resultados da retração radial foram os mais extremos, com valores entre 7,1 e 27,7%, sendo a retração radial máxima duas vezes superior à da direção tangencial, com valores entre 3,9 e 18,7%. A retração longitudinal foi insignificante com valores entre 0,00 e 0,06%.

O bambu, por si só, consiste numa estrutura com boa ductilidade, assim como os elementos feitos a partir dele. Mesmo quando comparada com a madeira serrada de madeira com boa ductilidade, a madeira laminada de bambu mostra-se melhor. Quando o bambu atinge o ponto de cedência, a curva carga-deslocamento do bambu continua a subir de forma evidente e a capacidade de suporte da ligação aumenta com ele, ao passo que a ligação de madeira apresenta uma diminuição rápida e a sua ductilidade não é melhor do que a do bambu, Guy T. Anderson (2001). Estas caraterísticas substantivas são coerentes com os seus fenómenos exteriores. Foi também provado que a resistência máxima das ligações em bambu é determinada pela grande distorção das tábuas principais e laterais em vez dos seus danos, enquanto que a investigação de Guy T. Anderson mostrou que as ligações em madeira atingem a sua resistência máxima devido aos seus danos, o que está em conformidade com a boa plasticidade do bambu.

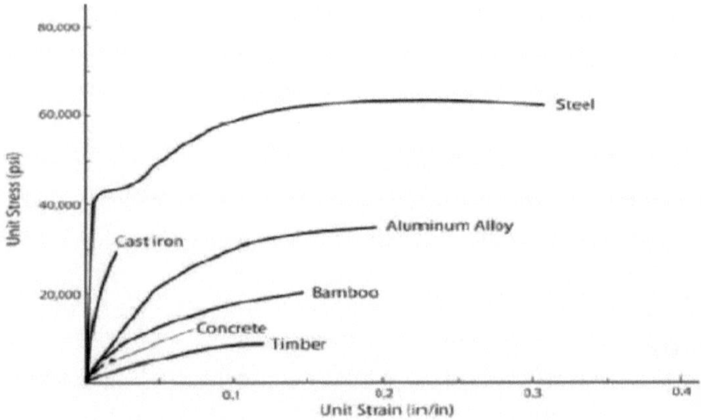

Figura 3.7. Comparação das curvas tensão-deformação para diferentes elementos de construção

Os resultados dos ensaios fornecidos por Yu et al. (2008) indicaram que o módulo de elasticidade longitudinal e a resistência à tração do bambu Moso têm uma clara dependência da posição radial. Verificou-se que o módulo de elasticidade e a resistência à tração na camada exterior, que é a média ao longo da altura de 26,9GPa e 295,6MPa

113,4MPa, respetivamente. O módulo de elasticidade à tração teve um aumento médio em todas as camadas de 12,8% à medida que a altura aumentou de 1,3 m para 4 m. A mesma variação média para a resistência à tração foi de apenas 1,25%, o que sugere que a resistência à tração não depende da altura. O estudo de Lee et al. (1994) investigou a influência do teor de humidade, da altura e da presença de nós na resistência média e nas propriedades de rigidez do bambu gigante. Contrariamente a Yu et al. (2008), verificou-se que as propriedades de resistência aumentavam com a altura, sendo a dissemelhança provavelmente o resultado da utilização de diferentes espécies de bambu. Em consonância com as espécies de madeira estrutural, a resistência aumentou com a diminuição do teor de humidade. Os dados mostraram um aumento da resistência à compressão, da resistência à tração, do módulo de elasticidade e do módulo de rutura (MOR) em 37,6, 19,4, 48,2 e 47,7%, respetivamente, quando ensaiados em condições secas ao ar versus condições verdes. No caso do blollypine, as mesmas propriedades aumentaram 102,9, 75,3, 27,9 e 75,3%, respetivamente. Isto sugere que o efeito do teor de humidade nas propriedades mecânicas do bambu gigante é menor do que o efeito do teor de humidade nas propriedades mecânicas da madeira. Por conseguinte, ao considerar o bambu para aplicações estruturais, devem ser tomadas as precauções habituais para a construção em madeira, para garantir a estabilidade dimensional em condições de humidade.

Tabela 3-4. Comparação das propriedades estruturais do bambu com outros materiais estruturais

Building Materials	Density p/cf	Modulus of elasticity		Yield strength		Ultimate strength		Strength over density 1/ft.
		ksi	Mpa	psi	Mpa	psi	Mpa	
Carbon fiber	110	21,800	150,305	n/a	n/a	819,463	5,650	1,072,752
Structural steel	490	29,000	200,000	36,260	250	58,000	400	17,045
Aluminum alloy	170	10,000	68,947	26,106	180	29,000	200	24,565
Cast iron	435	27,500	190,000	n/a	n/a	29,000	200	9,600
Bamboo pole	*25*	*2,694*	*18,575**	*n/a*	*n/a*	*8,700*	*60**	*50,112*
Timber	40	1,600	11,000	n/a	n/a	5,800	40	20,880
Concrete	150	3,000	20,684	n/a	n/a	435	3	418

A qualidade de um bambu laminado pode também depender do fabricante e da maturidade da planta colhida; como o bambu mais forte é alegadamente três vezes mais duro do que a madeira de carvalho, embora outros possam ser mais macios do que a madeira de lei padrão de acordo com Te Roopu Taurima et al,

(2014). Tal como a madeira, o bambu é idêntico e apresenta propriedades com valores diferentes quando medido em direcções diferentes (material anisotrópico). À semelhança dos produtos de madeira, como os painéis laminados cruzados, a abordagem de produzir um material bastante idêntico através do corte e da remontagem é adaptada ao bambu. A laminagem cruzada das camadas diminui as suas qualidades anisotrópicas e faz com que o bambu laminado apresente o mesmo comportamento que os produtos de madeira. As tábuas de bambu fabricadas são disponibilizadas em vigas com orientação de grão variada. No caso das tábuas de bambu de orientação vertical, as peças componentes são colocadas verticalmente na sua extremidade mais estreita e depois são laminadas lado a lado. Este efeito revela uma superfície de contornos uniformes, semelhante à maioria das madeiras de grão acabado. Nas tábuas de bambu horizontais, as ripas são dispostas na direção horizontal, no seu bordo mais largo, e depois unidas lado a lado com as peças adjacentes utilizando um sistema de laminado de alta pressão. Embora os nós caraterísticos do bambu sejam visíveis na superfície horizontal acabada, a sua orientação variada aumenta a sua resistência em comparação com as tábuas de madeira convencionais

Foram também efectuados estudos em que a espécie de madeira de mogno foi utilizada como referência, a fim de examinar o potencial da madeira laminada de bambu para substituir a madeira estrutural. A comparação das propriedades físicas do bambu com as da espécie de madeira de mogno confirmou que as resistências físicas de todos os caules de bambu são superiores às resistências físicas do mogno. Em suma, as resistências físicas do bambu são superiores às do mogno, o que confirma a possibilidade de utilizar o bambu como material alternativo. No entanto, a estabilidade dimensional e a taxa de retração indicam que o bambu parece ser mais facilmente afetado pelas alterações da humidade ambiental, mas é igualmente comparável ao mogno. A produtividade do bambu é também afetada pela estrutura etária dos caules de bambu. A elevada proporção de caules velhos tende a diminuir, uma vez que a produtividade dos caules velhos é relativamente baixa. Os colmos velhos são também mais fracos do que os jovens, o que faz com que sejam facilmente atacados por insectos ou pragas.

Tabela 3-5. Quadro de comparação das propriedades físicas e mecânicas da espécie de madeira de mogno com a espécie de bambu laminado

Items	Laminated Bamboo Specimen	African Mahogany (Khaya. Ivorensis)
Tree Size	50-100 ft. (15-30 m) tall, with a 3-6 in (10-20 cm) diameter	100-130 ft (30-40 m) tall, 3-5 ft (1-1.5 m) trunk diameter
Average Dried Weight	31 lbs. /ft3 (500 kg/m3) to 53 lbs. /ft3 (850 kg/m3)	40 lbs/ft3 (640 kg/m3)
Specific Gravity (Basic, 12% MC)	38 to .64, .50 to .85	52, .64
Janka Hardness	1,410 lb.f (6,270 N) to 1,610 lb.f (7,170 N)	1,070 lbf (4,760 N)
Modulus of Rupture	11,020 lb.f/in2 (76.0 MPa) to 24,450 lb.f/in2 (168.6 MPa)	13,190 lbf/in2 (91.0 MPa)
Elastic Modulus	2,610,000 lb.f/in2 (18.00 GPa) to 2,900,000 lb.f/in2 (20.00 GPa)	1,537,000 lbf/in2 (10.60 GPa)
Crushing Strength	8,990 lb.f/in2 (62.0 MPa) to 13,490 lb.f/in2 (93.0 MPa)	7,100 lbf/in2 (49.0 MPa)
Shrinkage:	Diameter: 10-16%, Wall Thickness: 15-17%	Radial: 4.2%, Tangential: 5.7%, Volumetric: 10.0%, T/R Ratio: 1.4

CONCLUSÃO

Com base nos resultados preliminares desta investigação, foram tiradas as seguintes conclusões:

O bambu laminado tem propriedades mecânicas comparáveis às da madeira estrutural. Em alguns casos, as propriedades mecânicas do bambu laminado são melhores do que as da melhor madeira estrutural. A compressão paralela à tensão de grão não é afetada pelo tipo de adesivo e pela força de ligação interna na espécie de bambu laminado. O módulo de rutura do bambu laminado não é afetado pela força de ligação interna, uma vez atingida a quantidade ideal de adesivo. Com base na comparação do bambu laminado com a madeira estrutural, o bambu laminado pode ser adequado como material para a construção de elementos estruturais.

Para todas as espécies de bambu testadas em conjunto, a resistência à tração varia entre 111 e 219MPa. Dentro de cada espécie de bambu, a variação também foi considerável. Isto pode ser atribuído a possíveis anos diferentes de crescimento para diferentes amostras testadas, localização do caule dentro do bambu e outras condições ambientais. Os valores mais baixos correspondem a bambus verdes, enquanto os valores mais elevados correspondem a bambus secos ao ar. A densidade varia de 0,56 gm/cc a 0,96 gm/cc para diferentes espécies de bambu. Verifica-se que a resistência à tração varia com a densidade, ou seja, quanto maior for a densidade, maior será a resistência à tração e quanto menor for a resistência à tração, menor será a densidade.

Também se observou uma variação significativa dos valores de resistência à compressão. É relatado que a variação está na faixa de 40 a 50MPa em condições verdes e 60 a 70MPa em condições secas. Aqui, os valores mais baixos são para bambus verdes, enquanto os valores mais altos são para bambus secos. A resistência à flexão está na faixa de 86 a 229Mpa. O valor da resistência à flexão para um pavimento típico é de 94MPa. O módulo de elasticidade à flexão varia entre 6,882 e 20,890MPa. O módulo de elasticidade à flexão para uma espécie típica de bambu varia entre 8,945 e 11,691MPa. Os valores mais baixos são para bambus verdes e os valores mais altos são para bambus secos ao ar. O módulo de dureza está na faixa de 902 a 1.833 N/mm. A dureza da bola de Janka varia entre 953 e 1937. O valor de dureza da bola de Janka registado para uma espécie típica de bambu é de 1640.

Em conclusão, os fabricantes de bambu laminado podem beneficiar desta investigação, a fim de selecionar os materiais certos de acordo com a sua resistência.

CAPÍTULO 4

DESEMPENHO À COMPRESSÃO DE LAMINADOS BAMBOO

INTRODUÇÃO

Estudos anteriores de bambu laminado em compressão utilizaram espécimes de pequena escala e nenhum estudo foi realizado utilizando membros estruturais de tamanho real. Estes estudos anteriores encontraram diferenças significativas na resistência e no comportamento entre pequenos espécimes provenientes de diferentes porções de crescimento. O comportamento dos membros estruturais pode ser significativamente diferente do comportamento dos espécimes pequenos, uma vez que a secção transversal é constituída por tiras de bambu com uma secção transversal de aproximadamente 20 mm por 5 mm. Uma secção estrutural típica de secção transversal terá aproximadamente 5 tiras numa direção e 20 tiras na outra direção. Este estudo investigou o desempenho de compressão de 24 espécimes de bambu laminado feitos de três diferentes porções de crescimento do bambu de origem. A secção transversal de cada espécime era de 100mm por 100mm. As relações carga-deformação e carga-deslocamento são obtidas a partir de testes de compressão, e os modos de falha detalhados, a resistência à compressão e o módulo de elasticidade para todos os espécimes são relatados. Os resultados mostram que a resistência média à compressão aumenta com a altura da porção em crescimento, mas que a variação da resistência à compressão também aumenta com a altura da porção em crescimento. O resultado líquido é que a resistência caraterística que é tipicamente usada no processo de projeto diminui ligeiramente com a altura da porção de crescimento, mas não significativamente. Em contraste, o bambu laminado fabricado a partir da porção média de crescimento exibe o módulo de elasticidade mais alto, com a variação novamente aumentando com a altura. Embora a porção de crescimento da fonte tenha um efeito claro no comportamento do bambu laminado sob compressão, este capítulo ajuda a saber se o efeito não é significativo do ponto de vista do projeto. Os resultados de todos os ensaios são combinados para produzir um modelo de relação tensão-deformação adequado para prever o desempenho do bambu laminado sob compressão para fins de projeto. A relação tensão-deformação mostra que, sob compressão, o bambu laminado falha de forma dúctil. Este estudo tem como objetivo examinar o comportamento à compressão de elementos estruturais de bambu laminado com secções transversais realistas. Com base nas propriedades de compressão obtidas nesta investigação, saber-se-á se o bambu laminado é um material de construção adequado para estruturas de engenharia.

4.1 MATERIAIS E MÉTODOS

O bambu Moso de origem foi colhido com a idade de 3 a 5 anos. Foram selecionadas tiras de bambu das alturas de crescimento inferior, médio e superior, respetivamente, de um caule com 2100 mm de altura. Os caules cortados das porções de crescimento designadas foram então divididos em tiras de 20-24 mm de largura, e a pele exterior (epidérmica) e a camada interior da cavidade (medula periférica) foram removidas com uma plaina. Todas as tiras de caules foram depois secas e carbonizadas. Foram obtidas espessuras finais de 4, 6 e 8 mm para as tiras planas das porções de crescimento superior (S), médio (Z) e inferior (G), e as larguras finais das tiras foram de 17, 22 e 21 mm, respetivamente. Finalmente, as tiras foram transformadas em bambu laminado.

Foi utilizada cola de fenol para fabricar os espécimes laminados. Primeiro, foram feitas camadas individuais, que foram depois prensadas para formar os blocos. Foi utilizada uma temperatura de prensagem de 140±5 C. Foi aplicada uma compressão transversal de 1,82MPa tanto para as folhas como para os blocos, e foi utilizada uma pressão de confinamento de 4,74MPa no fabrico das folhas. O teor de humidade final foi de 8,26% e a densidade foi de 600 kg/m3 para o laminado proveniente da parte inferior, 645 kg/m3 para o laminado proveniente da parte intermédia e 647 kg/m3 para o laminado proveniente da parte superior.

Foram construídos três grupos de provetes, correspondendo cada grupo a bambus provenientes de uma porção de crescimento diferente do colmo (terço superior, terço médio e terço inferior). Cada amostra de teste foi construída com as dimensões de 100 mm 100 mm 300 mm, e os grupos de amostras foram nomeados de acordo com as porções de crescimento: S300 (superior), Z300 (médio) e G300 (inferior). Cada grupo era constituído por oito espécimes idênticos.

Figura 4.1. Estrutura da secção transversal do bambu laminado com o primeiro provete de cada grupo

O deslocamento ao longo da direção axial do espécime foi medido por dois sensores de deslocamento a laser (tipo LDS: Keyence IL-300). Os extensómetros foram colados na superfície média de cada face lateral dos espécimes.

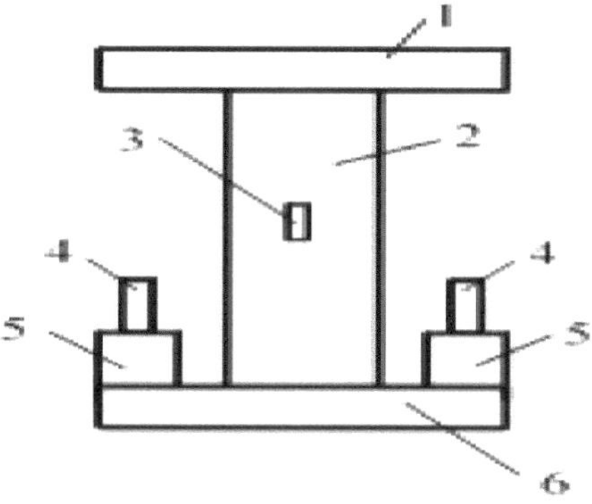

l=placa de metal da máquina de carga, 2=amostra , 3= extensómetro ,4= sensor de deslocamento por laser ,5= almofada metálica, 6= extremidade de carga da máquina

Figura 4.2: TestArrangement

O ensaio foi realizado utilizando uma micro-máquina com capacidade de 2000 kN e um sistema de aquisição de dados com sensor de deslocamento a laser. Para descrever os modos de rotura, cada face lateral de cada provete foi designada por uma letra maiúscula (A, B, C, ou D). A face A pode ser vista na Figura 4.l, enquanto B,C,D foram atribuídos em sequência no sentido horário em torno do eixo central.

Figura 4.3. Micro-máquina utilizada para efetuar o ensaio

A carga foi aplicada inicialmente através de controlo de carga. A carga foi aumentada linearmente até 200kN a uma taxa de 0,7 kN/s, e depois reduzida linearmente até 50kN à mesma taxa. A carga foi então ciclada linearmente entre 50kN e 200kN num total de seis vezes, de modo a avaliar com exatidão o módulo de elasticidade.

A carga foi então aumentada linearmente para 500kN com a mesma taxa de carregamento, após o que o processo de ensaio foi alterado para controlo de deslocamento. O ensaio continuou a uma taxa de deslocamento de 0,01 mm/s até que o espécime tivesse sofrido danos significativos, altura em que o ensaio foi interrompido.

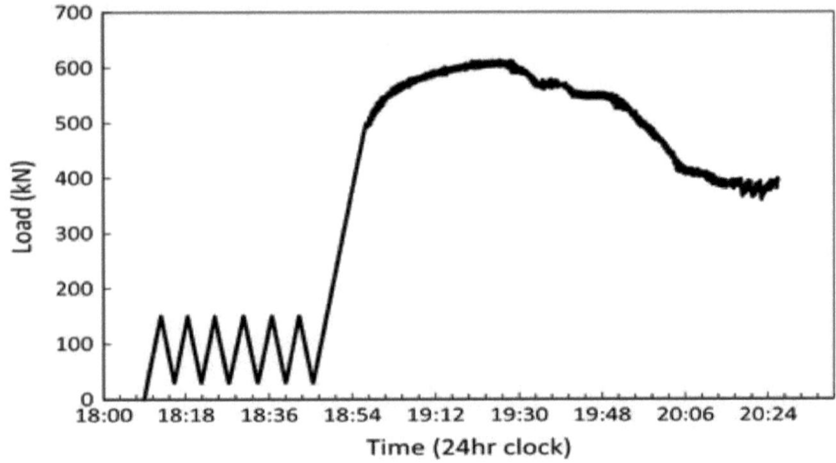

Figura 4.4. Variação da carga com o tempo para um ensaio típico

4.2   RESULTADOS DOS ENSAIOS E ANÁLISE

4.2.1 GRUPO DA FRACÇÃO DE CRESCIMENTO INFERIOR:

Os espécimes exibiram uma variedade de mecanismos de falha. O primeiro exemplar esmagou na parte inferior e partiu-se ao meio.

Figura 4.5. Fotografias de falha para a parte inferior do crescimento dos espécimes

Os oito ensaios são notavelmente consistentes até um deslocamento de aproximadamente 16 mm. Cada ensaio mostra um comportamento claramente elástico até uma carga de aproximadamente 350kN, seguido de um comportamento não linear até aproximadamente 550kN, após o que se verifica um patamar plástico. No entanto, existe uma variação bastante significativa no deslocamento a partir do qual a descarga começa a ser efectuada, e o comportamento durante a descarga também apresenta uma grande variação. Embora haja alguma evidência de resistência residual em deslocamentos elevados, esta resistência residual é geralmente inferior a metade da resistência de pico, pelo que não tem qualquer utilidade prática no projeto.

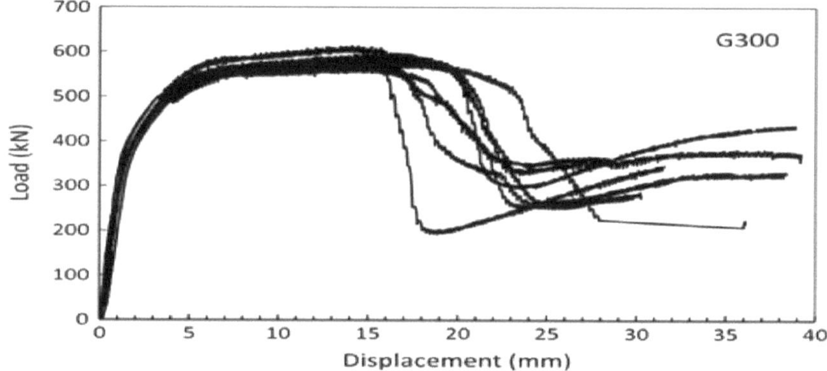

Figura 4.6. Carga versus Deslocamento para o grupo da porção de crescimento inferior para todos os oito espécimes

Existe uma excelente consistência nos resultados, particularmente durante a resposta elástica. Os seis ciclos de carga entre 50 e 200kN mostram tão pouca variação que o ciclo não é visível no gráfico (todos os ciclos são traçados sobre o topo da linha de carga elástica principal). O módulo de elasticidade médio é de 8641MPa com um desvio padrão de apenas 196MPa.

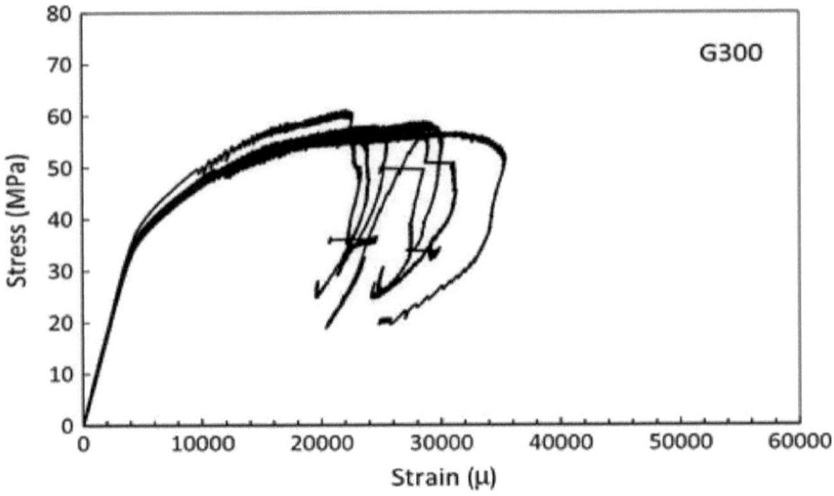

Figura 4.7. Tensão versus deformação através da qual é obtida a resistência média à compressão para o grupo de porções de crescimento inferior

O comportamento não linear começa com uma tensão de cerca de 36MPa e o módulo tangencial reduz-se gradualmente. No entanto, é de notar que a relação tensão-deformação medida não tem o claro patamar plástico evidente na relação carga-deslocamento. Isto pode ser explicado reconhecendo que as deformações que estão a ser medidas são deformações pontuais, ou seja, uma média de quatro pontos. À medida que o espécime falha, a plasticidade é localizada. Isto é evidente na Figura 4.4, onde a maior parte da deformação plástica ocorreu na parte inferior do provete. O material em grande parte do provete permanece elástico. Esta observação pode ser confirmada calculando a deformação média ao longo do comprimento do provete no momento em que o provete começa a descarregar. A partir da Figura 4.6, o deslocamento mínimo no qual a descarga começa é de 16 mm. Ao longo do comprimento do provete de 300 mm, isto corresponde a uma deformação média de 53.000 l. No entanto, a Figura 4.7 mostra que as deformações registadas nos medidores eram apenas cerca de metade deste valor. A resistência média à compressão deste grupo de espécimes é de 57,9MPa, com um desvio padrão muito baixo de 1,5MPa. Isto compara-se com 54,2MPa e um desvio padrão de 2,9MPa obtido para espécimes de 30mm por 30mm de bambu laminado de menor altura de crescimento por Yeh e Lin e sugere que a menor resistência na porção de crescimento inferior do colmo de bambu é contrariada até certo ponto quando o bambu é laminado em membros estruturais maiores

Specimen	Real area/ mm²	Ultimate load/kN	Average elastic modulus/N/mm²	Compressive strength/MPa	Failure phenomena description
S300-1	9916.79	655.20	9385	66.07	Damage started from the top of the specimen. All four side faces split at the top and the top part expanded. Damage is clear on the top surface while no obvious damage appeared on the bottom
S300-2	9847.92	584.90	9496	59.39	The specimen broke from the top. The top part of all four side faces split and expanded. Cracks appeared on the top surface and one crack appeared through the bamboo pieces on the bottom surface.
S300-3	9836.98	650.29	9579	66.11	Damage appeared from the top of the specimen. The top part of all four side faces split and expanded. Clear destruction was seen on the top surface while no obvious damage appeared on
S300	9853	527.1	8877	53.50	Destruction happened from the top of the specimen. Cracks were seen on all four side surfaces. The specimen bent. Clear damage was seen on the top surface and one main crack appeared along the glue line. Two main cracks appeared on the bottom surface, together with two short cross cracks.
S300-5	9864.13	716.18	9830	72.60	Damage started from the top of the specimen. Clear destruction was seen on the A and C faces, while no obvious damage appeared on B and D faces. Damage was obvious on the top surface, while no obvious damage appeared on the bottom surface.
S300-6	9824.16	532.73	8830	54.23	Damage started from the top of the specimen. Cracks were seen on all four side surfaces. The specimen bent. There was one main crack along the glue line surface and one inclined crack on the top surface. Two cracks appeared on the bottom surface.
S300-7	9877.46	690.43	9542	69.90	Damage started from the bottom of the specimen. Clear destruction was seen on the A, B and C faces, while no obvious damage appeared on the D face. Damage was obvious on the bottom surface, while no obvious damage appeared on the top surface.
S300	9851	592.3	9041	60.13	Damage started from the top of the specimen. All four side faces split at the top. Damage was clear on the top surface, while no obvious damage appeared on the bottom surface.

4.2.2 GRUPO DA FRACÇÃO DE CRESCIMENTO MÉDIO:

Estes espécimes também exibiram uma variedade de mecanismos de falha. O espécime final esmagou no topo, com as lamelas exteriores em três lados a serem empurradas para fora.

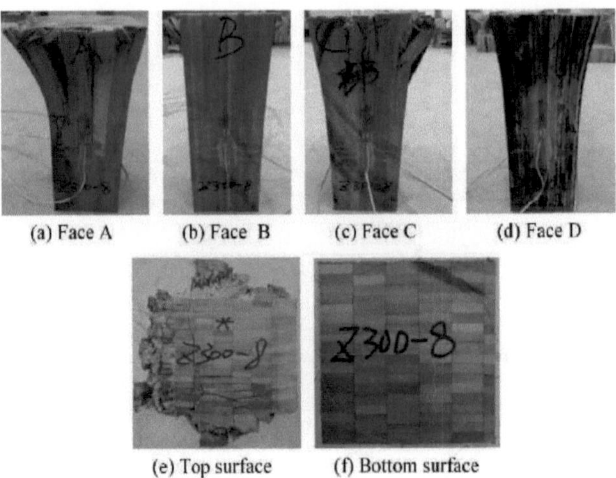

Figura 4.8. Fotografias de falhas para o grupo da porção de crescimento médio

Tal como no primeiro grupo, cada ensaio mostra um comportamento claramente elástico até uma carga de aproximadamente 350kN, seguido de um comportamento não linear e de um patamar plástico. No entanto, ao contrário de
os espécimes da parte de crescimento inferior, existe uma variação significativa na carga de patamar, que vai de 550kN a 670kN. Os dois espécimes mais fortes não exibem um patamar plástico distinto, com a carga a aumentar a uma taxa decrescente até à carga máxima e depois diminuindo a uma taxa crescente para uma carga residual.

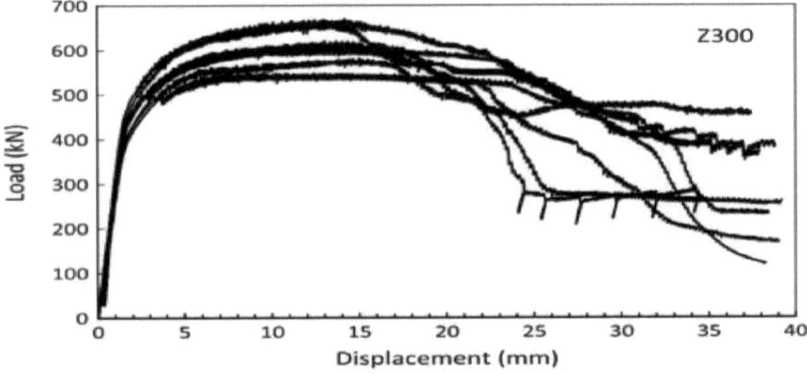

Figura 4.9. Gráfico Carga versus Deslocamento para o grupo da porção de crescimento médio para todos os oito espécimes

A deslocação a partir da qual se inicia a descarga varia entre 15 e 23 mm, e o comportamento durante a descarga tem uma grande variação. Mais uma vez, há evidências de resistência residual em deslocamentos elevados, mas esta resistência residual tem uma grande variabilidade e é geralmente inferior a metade da resistência de pico. Consequentemente, a resistência residual não pode ser considerada no projeto.

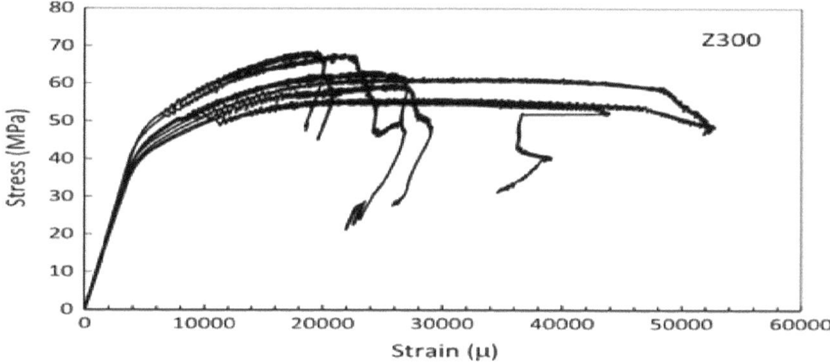

Figura 4.10. Gráfico de tensão versus deformação através do qual se obtém a resistência média à compressão para o grupo de porções de crescimento médio para todos os oito espécimes

Tal como na Figura 4.9, existe uma variação significativamente maior na tensão-deformação entre estes espécimes do que a observada nos ensaios com os espécimes de menor altura de crescimento. No entanto, o comportamento elástico é ainda bastante consistente. Tal como acontece com os espécimes de menor altura de crescimento, a ciclagem entre 50 e 200kN não resultou em alterações nas deformações entre ciclos. O módulo de elasticidade médio é de 10.210MPa com um desvio padrão de 335MPa, significativamente mais elevado do que o módulo de elasticidade médio para os espécimes provenientes da porção de crescimento inferior.

Ao contrário do primeiro grupo de espécimes, dois espécimes deste grupo atingiram deformações semelhantes à deformação média ao longo do comprimento do espécime quando a descarga começou (50.000+ l), sugerindo que o material ao qual estavam ligados estava a sofrer deformação plástica. Os outros espécimes exibiram deformações inferiores às que seriam esperadas a partir do deslocamento correspondente, sugerindo que a deformação plástica estava a ocorrer noutras regiões dos espécimes.

A resistência média à compressão deste grupo de espécimes foi de 61,2MPa com um desvio padrão de 4,8MPa. Isto compara-se com 66.1MPa com um desvio padrão de 1.9MPa obtido por Yeh e Lin para bambus semelhantes da porção de crescimento médio, mas testados em espécimes muito mais pequenos (secção transversal de 30mm por 30mm).

Tabela 4-2. Resultados dos ensaios pormenorizados para os provetes do grupo da porção intermédia

Specimen	Real area/ mm^2	Ultimate load/Kn	Average elastic modulus/N/mm^2	Compressive strength/MPa	Failure phenomena description
G300-1	10137.76	589.48	8813	58.15	Damage appeared from the bottom of the specimen. Clear rapture was seen on the upper part of faces A and C, while rapture was not clear on faces B and D. No obvious damage appeared on the top surface, but splits occurred around the bottom surface.
G300-2	10150.82	597.44	8396	58.86	Damage appeared from the top of the specimen. Clear rapture was seen from the upper part of faces A, B and D. There was one short clear crack on the upper surface of face C. A clear inclined crack through the bamboo pieces was seen on the top surface, while no obvious damage appeared on the bottom surface.
G300-3	10165.30	588.97	8439	57.94	Damage started from the top of the specimen. Clear rapture was seen on faces A and C, while rapture was not clear on faces B and D. There were several tiny cracks on both the top surface and
G300-4	10084.30	577.79	8509	57.30	Rupture started from the top of the specimen. Faces B, C, and D were damaged very heavily, while face A was less damaged. Obvious cracks were seen on the top surface, while no damage happened on
G300-5	10040.36	568.47	8880	56.62	Damage started from the top of the specimen. All four side faces split at the top. Damage was clear on the top surface, while no obvious damage appeared on the bottom surface.
G300-6	10104.75	574.23	8539	56.83	Damage started from the top of the specimen. All four side faces split at the top. Many cracks were seen on the top surface, while there was only one crack through the bamboo pieces on the bottom
G300-7	10114.82	572.88	8685	56.64	Rupture started from the top of the specimen. The main big crack was seen clearly on faces A and C. There were tiny cracks on the top part of faces B and D. Damage was clear on the top surface, while no obvious damage appeared on the bottom surface.
G300-8	10040.57	613.36	8870	61.09	Damage started from the top of the specimen. Big cracks were seen on faces B and C. Damage was clear on the top part of face A, while no obvious rapture happened on face D. There was one clear crack on the top surface and no cracks on the bottom surface.

4.2.3 GRUPO DE CRESCIMENTO SUPERIOR:

Mais uma vez, estes espécimes exibiram uma variedade de mecanismos de falha. O sexto espécime da série falhou em cisalhamento através das faces B e C, com flexão e uma divisão central na face A.

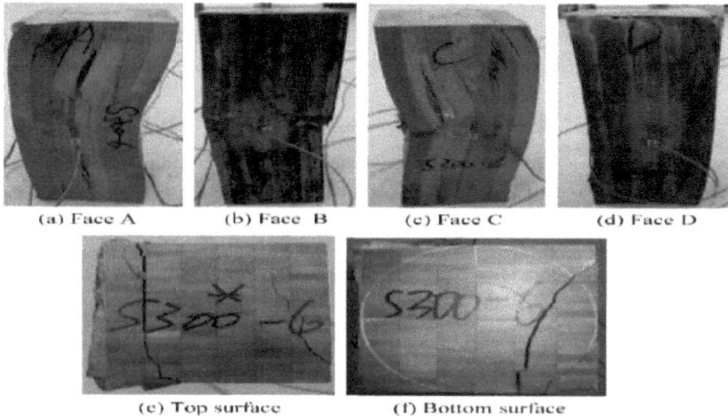

Figura 4.11. Fotografias de rotura da parte superior de crescimento dos provetes

Os deslocamentos não foram registados para os outros seis espécimes devido a falha do equipamento. Ambos os ensaios mostram um comportamento claramente elástico até uma carga de aproximadamente 350kN, seguido de um comportamento não linear e de um patamar plástico. Existe uma diferença significativa nas cargas de patamar dos dois provetes, bem como no comprimento do patamar. O espécime S300-6 comporta-se plasticamente ao longo de uma deformação de quase 22 mm, mostrando uma ductilidade extrema, enquanto o espécime S300-8 apenas se comporta plasticamente ao longo de uma deformação de 11 mm. Apenas o espécime S300-8 apresenta resistência residual, enquanto o S33-6 descarrega monotonicamente.

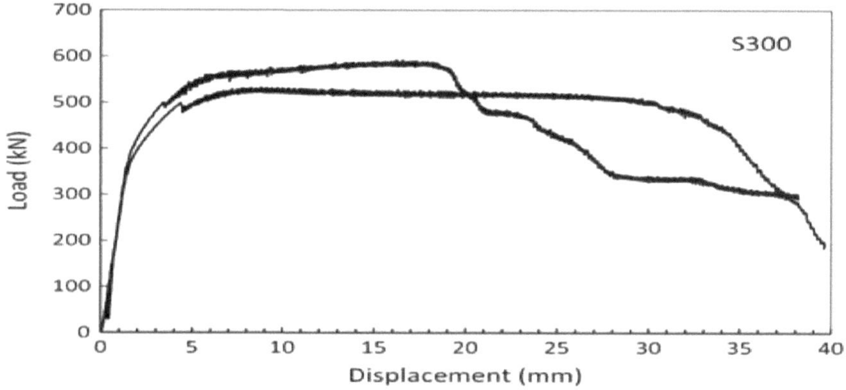

Figura 4.12. Gráfico Carga versus Deslocamento para a parte superior do crescimento

Os resultados para o caso tensão-deformação foram obtidos para todos os oito espécimes. Este grupo de espécimes mostra a maior variação em termos de tensão final, embora, mais uma vez, o comportamento elástico ainda seja consistente e o ciclo entre 50 e 200kN não resulte em alterações traçáveis nas deformações entre ciclos. O módulo de elasticidade médio é de 9322MPa com um desvio padrão de 362MPa,

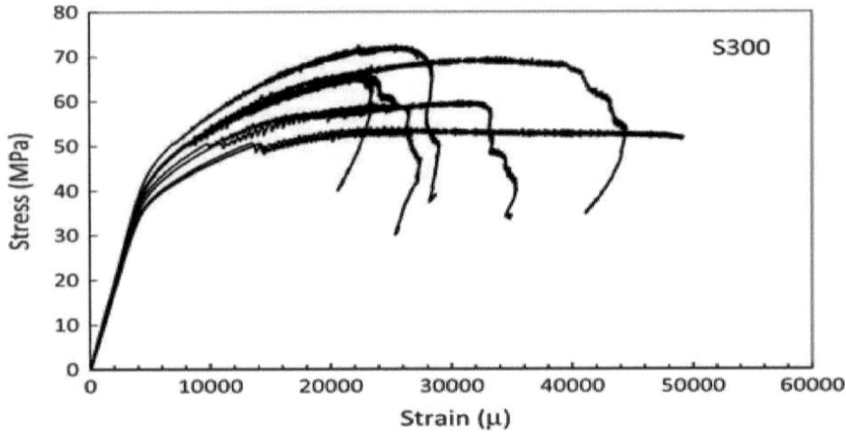

i-igura 4.13. Gráfico de tensão versus deformação no qual é obtida a resistência média à compressão para o grupo de crescimento superior

que é de alguma forma inferior ao módulo de elasticidade médio para os espécimes provenientes da porção de crescimento médio.

Tal como o segundo grupo de espécimes, um dos espécimes deste grupo atingiu deformações semelhantes à deformação média ao longo do comprimento do espécime quando a descarga começou (50.000+ 1), sugerindo que o material ao qual os extensómetros estavam ligados estava a sofrer deformação plástica. De acordo com os grupos de espécimes inferior e médio, os outros espécimes exibiram deformações mais baixas do que o deslocamento correspondente indicado, sugerindo que a deformação plástica estava a ocorrer noutras regiões dos espécimes. A resistência média à compressão deste grupo de espécimes foi de 62,7MPa com um desvio padrão de 7,0MPa. Isto compara-se com 69,6MPa com um desvio padrão de 2,7MPa obtido por Yeh e Lin para bambu semelhante da porção superior de crescimento, mas testado com um espécime de secção transversal de 30 mm por 30 mm.

Tabela 4-3.Resultados dos ensaios detalhados para os espécimes do grupo da parte superior do crescimento

Specimen	Real area/ mm^2	Ultimate load/kN	Average elastic modulus/N/mm^2	Compressive strength/MPa	Failure phenomena description
S300-1	9916.79	655.20	9385	66.07	Damage started from the top of the specimen. All four side faces split at the top and the top part expanded. Damage is clear on the top surface while no obvious damage appeared on the bottom
S300-2	9847.92	584.90	9496	59.39	The specimen broke from the top. The top part of all four side faces split and expanded. Cracks appeared on the top surface and one crack appeared through the bamboo pieces on the bottom surface.
S300-3	9836.98	650.29	9579	66.11	Damage appeared from the top of the specimen. The top part of all four side faces split and expanded. Clear destruction was seen on the top surface while no obvious damage appeared on
S300-4	9853.79	527.14	8877	53.50	Destruction happened from the top of the specimen. Cracks were seen on all four side surfaces. The specimen bent. Clear damage was seen on the top surface and one main crack appeared along the glue line. Two main cracks appeared on the bottom surface, together with two short cross cracks.
S300-5	9864.13	716.18	9830	72.60	Damage started from the top of the specimen. Clear destruction was seen on the A and C faces, while no obvious damage appeared on B and D faces. Damage was obvious on the top surface, while no obvious damage appeared on the bottom surface.
S300-6	9824.16	532.73	8830	54.23	Damage started from the top of the specimen. Cracks were seen on all four side surfaces. The specimen bent. There was one main crack along the glue line surface and one inclined crack on the top surface. Two cracks appeared on the bottom surface, one long, and
S300-7	9877.46	690.43	9542	69.90	Damage started from the bottom of the specimen. Clear destruction was seen on the A, B and C faces, while no obvious damage appeared on the D face. Damage was obvious on the bottom surface, while no obvious damage appeared on the top surface.
S300-8	9851.06	592.36	9041	60.13	Damage started from the top of the specimen. All four side faces split at the top. Damage was clear on the top surface, while no obvious damage appeared on the bottom surface.

4.3 EFEITOS DA PARCELA DE CRESCIMENTO

Como descrito acima, os espécimes provenientes de diferentes porções de crescimento do bambu original tiveram comportamentos ligeiramente diferentes. A Figura 4.14 mostra a variação da tensão final entre os provetes de ensaio, representada em função do grupo de altura de crescimento. A figura 4.14 representa igualmente a tensão final média para cada grupo e a resistência caraterística de cada grupo, calculada com base no facto de 95 % das amostras excederem a resistência caraterística. Esta figura 4.14 mostra claramente que, embora a resistência média aumente ligeiramente com a altura de crescimento da fonte, a variação nos resultados dos ensaios também aumenta. Consequentemente, a resistência caraterística diminui ligeiramente com a altura de crescimento, embora esta diminuição seja pequena quando comparada com a variação dos resultados dos ensaios.

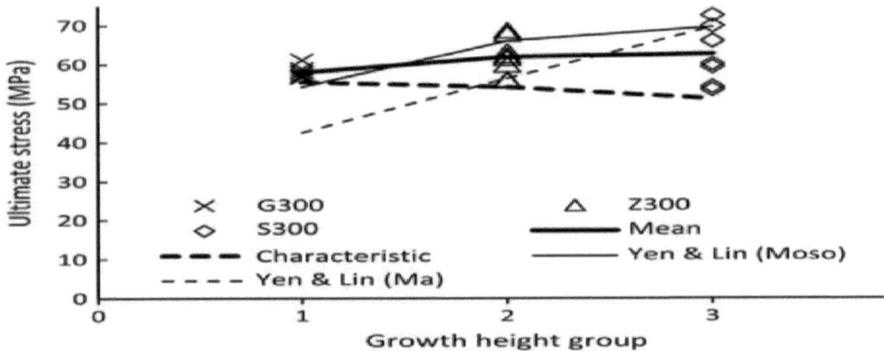

Figura 4.14. Efeito da altura de crescimento na tensão final

É interessante comparar estes resultados com os resultados de Yen e Lin, que realizaram ensaios semelhantes em amostras de secção transversal mais pequena para o bambu laminado Moso e Ma. Os seus resultados médios para cada altura de crescimento estão também representados na Figura 4.14, enquanto que os seus resultados para o bambu Moso se situam na gama dos resultados do presente ensaio, encontraram um aumento significativo na tensão de compressão com a altura da fonte com desvios padrão mais consistentes. Os seus resultados para o bambu Ma também são apresentados. Estes mostram uma tendência semelhante à dos resultados actuais com os desvios-padrão (inferior 2,9MPa, médio

4.4 MPa e superior 4,7MPa) também se assemelham aos resultados actuais (inferior 1,9MPa, médio 4,8MPa e superior 7,0MPa).

Os resultados do presente estudo sugerem que, quando montado em secções maiores, o aumento da resistência proporcionado pelo bambu da parte superior do crescimento é menos significativo do que quando montado em secções mais pequenas, e compensado completamente por um aumento na variabilidade dos resultados do ensaio, o que resulta na diminuição da resistência caraterística para o projeto em vez de aumentar.

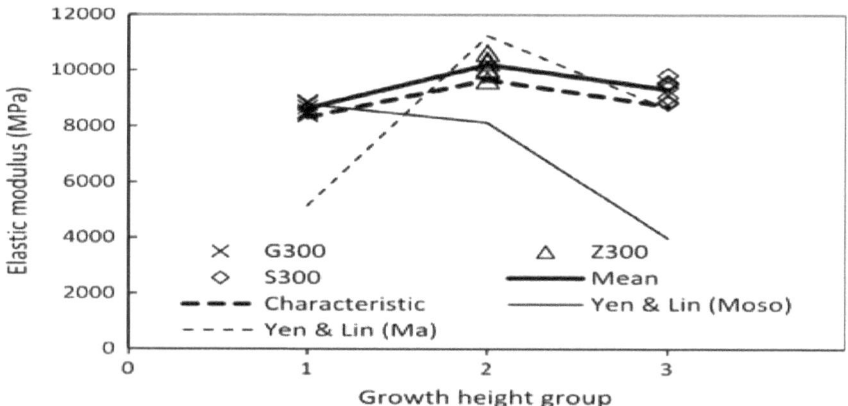

Figura 4.15. Efeito da altura de crescimento no módulo de elasticidade

A Figura 4.15 representa a variação do módulo de elasticidade com a altura de crescimento. Ao contrário dos resultados da resistência, a relação não é monotónica, com a rigidez mais elevada a ser medida para os espécimes provenientes da altura de crescimento média. O desvio padrão dos resultados é novamente mais elevado para os espécimes das alturas de crescimento média e superior, mas a variabilidade dos resultados é menor do que a variabilidade da resistência à compressão.

Yen e Lin não mediram o módulo de elasticidade nos seus testes de compressão. No entanto, realizaram uma sequência equivalente de testes de flexão a partir da qual derivaram o módulo de elasticidade de flexão para espécimes provenientes das diferentes porções de crescimento. Mais uma vez, estes eram espécimes pequenos, com secções transversais de 20 por 30 mm. Os seus resultados estão também representados na Figura 4.15 para os laminados de bambu Moso e Ma. Curiosamente, os resultados de Yeh e Lin para o laminado de bambu Ma mostram uma tendência semelhante aos resultados do presente estudo, no qual foi utilizado bambu Moso, enquanto os seus resultados para o bambu Moso mostram o módulo de elasticidade mais elevado para a parte de crescimento inferior e mais pequeno para a parte de crescimento superior. Tal como acontece com os resultados da resistência final, os resultados do módulo de elasticidade obtidos pelo presente estudo sugerem que a montagem do bambu laminado em secções transversais maiores reduz a variabilidade na rigidez resultante do fornecimento de bambu de diferentes alturas de crescimento.

4.4 <u>RESULTADOS COMBINADOS</u>

Como discutido acima, os resultados dos testes actuais sugerem que a montagem de laminados de bambu em secções de tamanho estrutural prático reduz o efeito da porção de crescimento do bambu de origem. Embora a resistência média aumente com a altura de crescimento da fonte, o aumento da variabilidade resulta na redução da resistência caraterística com a altura da fonte. Da mesma forma, embora a rigidez dos espécimes provenientes da altura média de crescimento seja maior do que a dos espécimes das alturas de crescimento inferior e superior, o aumento não é significativo do ponto de vista do dimensionamento da resistência.

Para algumas aplicações, as diferenças de comportamento demonstradas no comportamento local e global e as diferenças de variabilidade serão importantes, e os resultados separados apresentados acima serão úteis. No entanto, nesta secção, os resultados dos três grupos são analisados em conjunto, partindo do princípio de que o efeito da altura de crescimento da fonte não é significativo do ponto de vista da conceção da resistência.

Com base nestes 24 espécimes, a resistência à compressão final média é de 60,9MPa com um desvio padrão de 5,2MPa, dando uma resistência caraterística de 52MPa (com dois algarismos significativos) que se espera que seja excedida por 95% dos espécimes. Da mesma forma, o módulo de elasticidade médio é 9391MPa com um desvio padrão de 719MPa. Uma vez que o critério crítico de projeto para estruturas laminadas de bambu é frequentemente a deflexão e não a resistência, para efeitos de projeto deve ser utilizado o módulo de elasticidade caraterístico, em vez da média. Com base na média e no desvio padrão citados, o módulo de elasticidade caraterístico para estes espécimes é de 8200MPa (com dois algarismos significativos).

Considerando todos estes resultados, o modelo mais simples possível para a relação tensão-deformação do laminado de bambu é um modelo bi-linear elástico-perfeitamente plástico. A inclinação inicial do modelo é de 8200MPa até uma tensão de 52MPa, após a qual o material se comporta plasticamente. Para completar o modelo, deve ser colocado um limite na ductilidade. Com base nas observações relatadas acima, os espécimes começaram a descarregar a uma tensão de 52.000 l ou mais, pelo que o modelo proposto conterá um limite de ductilidade de 50.000 l.

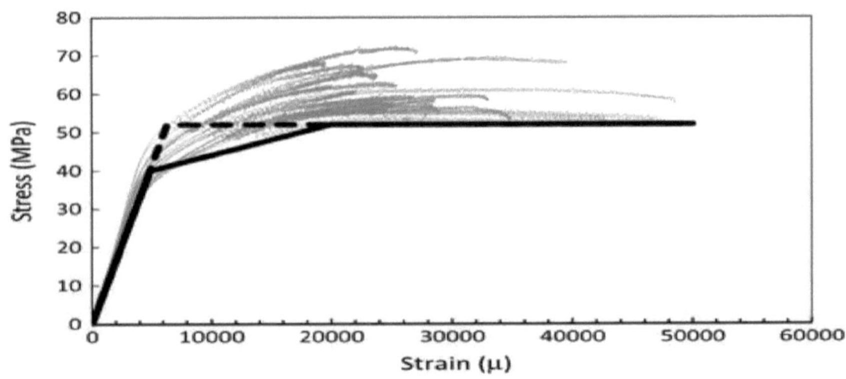

Figura 4.16. Comportamento tensão-deformação registado para os modelos propostos

A Figura 4.16 mostra como o modelo elástico-perfeitamente plástico, que é indicado com uma linha tracejada, se compara com todo o conjunto de resultados do ensaio (descartando as secções de descarga). Embora a maioria das deformações registadas não atinja o nível 50,0001, isto demonstra simplesmente que o espécime estava a ceder noutras áreas nessa altura. O modelo proposto representa o comportamento médio do material. A Figura 4.16 mostra claramente que o modelo elástico-perfeitamente plástico irá prever deformações e, consequentemente, deslocamentos na gama de tensões entre 40MPa e 52MPa, potencialmente significativos. Para ultrapassar este facto, é proposto um modelo tri-linear refinado. Neste modelo, a elasticidade é assumida até um nível de tensão de 40MPa, após o qual o módulo do material reduz de 8200MPa para cerca de 800MPa. Isto significa que o nível de tensão final ou plástica de 52MPa é atingido a uma deformação de 20.000 l. Assume-se novamente que o material falha a uma deformação axial de 52.000 l.

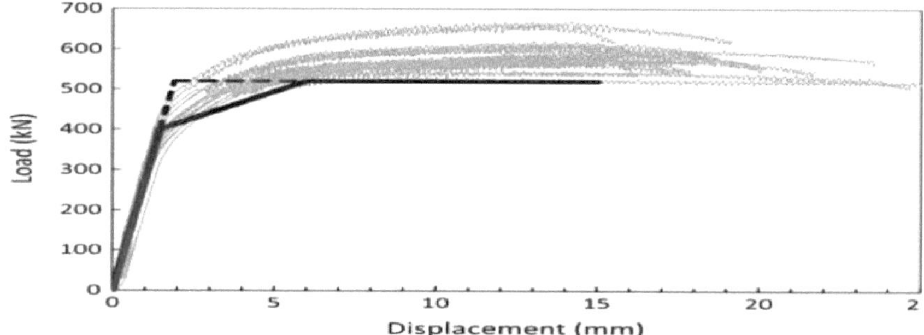

Figura 4.17. Gráfico carga-deslocamento registado para os modelos propostos

Assumindo que o modelo acima, na figura 4.16, representa a relação tensão-deformação média para o material, a relação carga-deslocamento para um provete de 100 por 100 mm de secção transversal e 300 mm de altura pode ser simplesmente calculada.

Os resultados são apresentados na Figura 4.17, onde tanto o modelo tri-linear como o modelo bi-linear são comparados com os gráficos carga-deslocamento obtidos nos ensaios (excluindo as regiões de descarga). Do ponto de vista do projeto, o modelo tri-linear proposto capta muito bem o comportamento dos provetes.

CONCLUSÃO

Com o objetivo de investigar as propriedades de compressão do bambu laminado estrutural, foram realizados 24 ensaios de compressão axial. O bambu para os espécimes foi obtido a partir de três alturas diferentes de crescimento do colmo de bambu, com oito espécimes provenientes de cada altura de crescimento. Cada espécime tinha 100 por 100 mm de secção transversal e 300 mm de altura. Com base na análise dos dados do ensaio, é possível tirar várias conclusões;

A primeira é que a resistência média à compressão das amostras de maior altura de crescimento foi maior, embora não na mesma medida que foi observada em testes com amostras menores, sugerindo que a montagem do bambu em secções estruturais maiores reduz a influência da altura de crescimento do bambu original.

A segunda é que a variação da resistência à compressão final aumenta com a altura de crescimento. Os resultados deste estudo mostram que o aumento da variabilidade mais do que compensa o aumento da resistência média à compressão do ponto de vista do projeto.

O terceiro é que o módulo de elasticidade é maior para a lâmina de bambu proveniente da secção de crescimento médio. No entanto, não existe uma grande variação do módulo de elasticidade com a altura de crescimento.

O quarto ponto é que, de um ponto de vista de projeto, a variação da resistência à compressão resultante da altura de crescimento do bambu pode ser negligenciada. Um modelo tri-linear baseado num módulo de elasticidade caraterístico de 8200MPa até uma tensão de 40MPa, depois um módulo de 800MPa até uma tensão de 52MPa, seguido de uma deformação perfeitamente plástica até uma tensão final de 50.000 l foi considerado um modelo de projeto estrutural adequado para o comportamento médio do bambu laminado estrutural testado.

Finalmente, o quinto e último ponto é que a relação tensão-deformação mostra que, sob compressão, o bambu laminado falha de forma dúctil e tem uma resistência e rigidez bastante consistentes. Com base nestas propriedades de compressão, o bambu laminado é um material de construção adequado para estruturas de engenharia.

CONCLUSÃO GERAL E
<u>DISCUSSÃO</u>

O bambu é um dos materiais de construção mais resistentes. Por isso, os produtos de bambu estão a ser cada vez mais utilizados em várias aplicações. Geralmente, o bambu é um material ortotrópico, ou seja, tem propriedades mecânicas particulares nas três direcções: longitudinal, radial e tangencial. No entanto, o bambu é um material biológico. Portanto, está sujeito a uma maior variabilidade devido a várias condições, tais como anos de crescimento, estação do ano, solo e condições ambientais e a localização do caule do bambu dentro do bambu.

Foram efectuados estudos pormenorizados sobre as propriedades mecânicas e físicas de diferentes espécies de bambu. O bambu laminado pode ser efetivamente utilizado como material de construção devido às suas propriedades mecânicas favoráveis. A resistência específica à tração do bambu laminado é cerca de 4 a 5 vezes superior à do aço macio. Além disso, a resistência específica à tração dos compósitos de bambu é comparável à de um compósito típico de vidro ou epóxi. A comparação geral das propriedades mecânicas do bambu laminado pode não ser possível com as da madeira ou de outros produtos naturais. Isto deve-se ao facto de existir uma variabilidade significativa nas propriedades mecânicas de espécie para espécie. Em geral, as propriedades do bamboo laminado são comparáveis às da madeira e de outros produtos naturais. Considerando o facto de que o bambu é uma planta fibrosa de crescimento rápido disponível em abundância, o bambu laminado pode encontrar várias aplicações.

O método tradicional de seleção de materiais de engenharia já não se baseia apenas na resistência, eficiência e custo, mas é agora complementado por outro critério: o desempenho ambiental. Com o interesse em reduzir o seu impacto ambiental, os materiais estruturais são examinados em termos de origem, fabrico, construção, funcionamento, manutenção e eliminação. Deve ser dada uma atenção adicional ao desempenho do material, não só em termos de capacidade estrutural, mas também em termos ambientais. O bambu na sua forma natural é um material altamente eficiente. Com estes parâmetros adicionais em consideração, o bambu torna-se rapidamente um material potencial para uso estrutural.

Do ponto de vista económico, o bambu tem um potencial muito elevado para competir com outros materiais estruturais. Começam a surgir empresas com a capacidade de produzir bambu laminado de tamanho comercial economicamente viável. Por exemplo, uma empresa chinesa, a Advanced Bamboo

Technologies LLC, desenvolveu recentemente um produto de bambu laminado de tamanho comercial que está a ser utilizado na China em aplicações residenciais como vigas e colunas. Outro exemplo é a empresa americana Cali Bamboo, que introduziu recentemente um produto de bambu laminado para o design de postes e carris. Van der Lugt et al. (2006) também se aperceberam de que, do ponto de vista da produção, uma plantação de bambu produz três vezes mais biomassa do que uma floresta de produção de madeira média. O seu rápido crescimento e a sua elevada relação resistência/peso sugerem que pode ser fundamental para o movimento de sustentabilidade.

A fim de compreender melhor como o bambu e os produtos de bambu se comparam a outros materiais de construção com base no desempenho ambiental, foi efectuada uma análise do ciclo de vida ambiental do bambu gigante menos espinhoso conhecido como a espécie Guadua da Costa Rica na sua forma original, que foi apresentada por van der Lugt et al. (2006). Este estudo utiliza o princípio do custo ambiental como uma medida dos efeitos ambientais associados à utilização de um material numa aplicação estrutural. Esta medida para o bambu é depois comparada com outros materiais que são normalmente utilizados na construção. Van der lugt et al. (2006) definiram o custo ambiental como "custos sociais fictícios, ligados à prevenção de danos ambientais por determinadas intervenções, por exemplo, emissões". A carga ambiental é uma representação unitária do custo ambiental em milipontos (mPts). Um milipoint representa 10p euros de custo ambiental. Os custos ambientais considerados para o bambu estavam associados à transformação, conservação, transporte terrestre e transporte marítimo. A grande maioria da carga/custo ambiental do bambu está associada ao transporte; assumindo 1 kg de caules de bambu, incluindo o transporte de uma área para outra como parte do processo de produção, a carga resultante do transporte terrestre e marítimo foi considerada aproximadamente duas vezes e 29 vezes maior do que a do processamento do material, respetivamente. É importante notar que estes números comparam magnitudes totais específicas do estudo e não implicam, por exemplo, que o transporte marítimo seja menos eficiente do que o transporte terrestre.

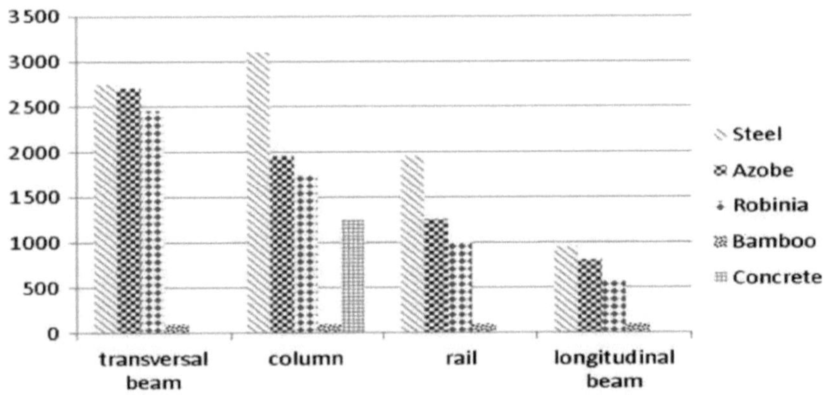

Figura 1: Histograma que compara os custos ambientais do bambu com outros materiais estruturais como o betão, o aço e duas espécies de madeira como o Azobe e a Robinia na construção de uma ponte

A figura acima mostra que a sustentabilidade do bambu é muito melhor do que todas as alternativas consideradas. Em comparação com alguns materiais, o bambu alcançou uma melhoria ambiental. Embora o bambu seja benéfico e um bom material estrutural, também tem desafios durante a sua utilização e estes desafios podem ser resolvidos com as soluções adequadas;

O primeiro desafio será devido ao teor de humidade e à estabilidade dimensional, tal como seria feito para a madeira. Outro desafio pode ser o facto de as colas não aderirem bem ao bambu sem um tratamento de superfície adequado. As ligações de bambu são difíceis de conceber devido à sua forma irregular e à sua tendência para se partir na direção perpendicular às fibras, o que constitui um desafio para a sua utilização. O custo do bambu é competitivo na sua forma natural, mas significativamente mais caro do que as alternativas na sua forma transformada e tem um tempo de vida mais curto do que todos os outros materiais estruturais. Uma grande parte do custo do bambu está associada ao transporte resultante da falta de recursos locais. Este problema será resolvido com o aumento da procura de bambu, incentivando o desenvolvimento de plantações locais.

Os profissionais da construção e da engenharia em todo o mundo ainda não estão adequadamente familiarizados com o projeto moderno de estruturas de bambu, assim como ainda não foram desenvolvidos códigos e normas formais. Muitas das ineficiências envolvidas na construção em bamboo devido à falta de familiaridade com o projeto em bamboo ou à falta de códigos formais serão reduzidas com mais investigação e prática.

São necessárias mais pesquisas e práticas para desenvolver um método para produzir um produto de bambu laminado muito resistente que supere a maioria dos desafios encontrados no uso do bambu laminado. A duração dos efeitos da carga na resistência do bambu laminado deve ser investigada e a investigação, a conceção e os ensaios são necessários para desenvolver ligações capazes de suportar os requisitos das aplicações estruturais em que a madeira é atualmente utilizada. Devem ser desenvolvidas normas e códigos para garantir a eficiência e a segurança do projeto. A informação geral, técnica e económica sobre o bambu deve ser distribuída e tornada facilmente acessível ao público e, especialmente, aos profissionais. O encorajamento e, talvez, o incentivo à criação de plantações de bambu ajudariam a tornar o bambu facilmente disponível para os membros da indústria que estão interessados em fornecer soluções sustentáveis.

REFERÊNCIAS BIBLIOGRÁFICAS

- Mahdavi, M., Clouston, P. L., & Arwade, S. R. (2010). Desenvolvimento de madeira serrada de bambu laminado: revisão do processamento, desempenho e considerações económicas. Journal ofMaterials in Civil Engineering, 23(7), 1036-1042.7), 1036-1042.

- Wu, W. (2013). Análise experimental da resistência à flexão da viga em forma de I composta de bambu. Journal of Bridge Engineering, 19(4), 04013014.

- Chen, F., Jiang, Z., Wang, G., Li, H., Simth, L. M., & Shi, S. Q. (2016). As propriedades de flexão das vigas duplas de madeira laminada de bambu (BLVL). ConstructionandBuilding Materials, 119, 145-151.

- Mahdavi, M., Clouston, P. L., & Arwade, S. R. (2012). Uma abordagem de baixa tecnologia para a fabricação de madeira laminada de bambu. Construção e Materiais de Construção, 29, 257-262.

- Lee, A. W., Bai, X., & Bangi, A. P. (1998). Propriedades selecionadas da madeira de bambu laminado fabricada em laboratório. Holzforschung-International Journal of the Biology, Chemistry, Physics and Technology ofWood, 52(2), 207-210.

- Kavanagh, P. (2016). Uma avaliação comparativa do ciclo de vida para a utilização de bambu laminado folheado como material estrutural primário em edifícios residenciais de grande altura.

- Li, H. T., Su, J. W., Zhang, Q. S., Deeks, A. J., & Hui, D. (2015). Desempenho mecânico da coluna de bambu laminado sob compressão axial. Composites Part B: Engineering, 79, 374-382.

- Verma, C. S., & Chariar, V. M. (2013). Análise de rigidez e resistência do compósito de bambu laminado de quatro camadas em escala macroscópica. Composites Part B: Engineering, 45(1), 369-376.

- Sinha, A., & Miyamoto, B. T. (2013). Capacidade de Carga Lateral da Engenharia Laminada, 26(4), 741-747.

Ligações entre madeira serrada e painéis de cordão orientado. Revista de Materiais em Bambu Civil

- Rao, K. M. M., & Rao, K. M. (2007). Extração e propriedades de tração de fibras naturais: Vakka, tâmara e bambu. Composite structures, 77(3), 288-295.

- Li, H. T., Chen, G., Zhang, Q., Ashraf, M., Xu, B., & Li, Y. (2016). Propriedades mecânicas da coluna de madeira laminada de bambu sob compressão excêntrica radial. Construção e Materiais de Construção, 121,644-652.

- Lee, P. H., Odlin, M., & Yin, H. (2014). Desenvolvimento de um teste de cilindro oco para a distribuição do módulo de elasticidade e a resistência final do bambu. Construção e Materiais de Construção, 51, 235-243.

- Zhang, J. Y., Zeng, Q. Y., Yu, T. X., & Kim, J. K. (2001). Propriedades residuais de laminados de bambu/alumínio reformados após envelhecimento higrotérmico. Composites science and technology, 61(8), 1041-1048.

- Kushwaha, P. K., & Kumar, R. (2010). Estudos sobre a absorção de água de compósitos de bambu-epóxi: Efeito do tratamento com silano do bambu mercerizado. Jornal de ciência de polímeros aplicados, 115(3), 1846-1852.

- Das, M., & Chakraborty, D. (2006). Influência da mercerização nas propriedades mecânicas dinâmicas do bambu, um compósito lignocelulósico natural. Pesquisa em química industrial e de engenharia, 45(19), 6489-6492.
- Dixon, P. G., Semple, K. E., Kutnar, A., Kamke, F. A., Smith, G. D., & Gibson, L. J. Comparação do comportamento à flexão do bambu Moso natural e termo-hidro-mecanicamente densificado. European Journal ofWood and Wood Products, 1-10.
- Asif, M. (2009). Sustainability of timber, wood and bamboo in construction (Sustentabilidade da madeira, madeira e bambu na construção). Sustainability of Construction Materials; Khatib, JM, Ed.; Woodhead Publishing: Cambridge, UK, 31-5
- http://www.intechopen.com/books/references/materials-science-advanced-topics/ bamboo-based-biocomposites-material-design-and-applications#B21
- http://www.intechopen.com/books/references/materials-science-advanced-topics/ bamboo-based-biocomposites-material-design-and-applications#B20
- http://www.intechopen.com/books/references/materials-science-advanced-topics/ bamboo-based-biocomposites-material-design-and-applications#B28

- Mirmehdi, S., Tonoli, G. H. D., & Hein, P. R. G. (2016). Os efeitos das espécies de bambu e do tipo de adesivo nas propriedades mecânicas da madeira laminada de bambu (LBL).
- Sulastiningsih, I. M., & Nurwati. (2009). Propriedades físicas e mecânicas da placa de bambu laminado. *Journal of Tropical Forest Science*, 246-251.
- Nugroho, N., & Ando, N. (2001). Desenvolvimento de produtos compósitos estruturais feitos de bambu II: propriedades fundamentais da madeira laminada de bambu. *Journal ofWood Science*, *47*(3), 237-242.
- Lee, C. H., Chung, M. J., Lin, C. H., & Yang, T. H. (2012). Efeitos da estrutura em camadas nas propriedades físicas e mecânicas do piso laminado de bambu moso (Phyllosachys edulis). *Construção e Materiais de Construção*, *28*(1), 31-35.
- Correal, J. F., & Lopez, L. F. *(2008~). Propriedades mecânicas do bambu laminado colado colombiano* (pp. 121-127). Taylor & Francis, Londres, Reino Unido.
- Correal, J. F., Ramirez, F., Gonzalez, S., & Camacho, J. (2010, junho). Comportamento estrutural do Bambu Guadua Laminado Colado como material de construção. In *Memorias Conferência Mundial de Engenharia da Madeira, Itália.*

- Shrestha, R., & Crews, K. I. (2014). Desenvolvimento de bambu projetado usando um método de baixa tecnologia.
- Ni, L., Zhang, X., Liu, H., Sun, Z., Song, G., Yang, L., & Jiang, Z. (2016). Fabrico e mecânica Propriedades de Laminados de Bambu Colados. *BioResources*, *11*(2), 4459-4471.
- Talabgaew, S., & Laemlaksakul, V. (2007). Estudos experimentais sobre as propriedades mecânicas do bambu laminado na Tailândia. *Academia Mundial de Ciências, Engenharia e Tecnologia, 34*, 327-331.
- Li, H. T., Zhang, Q. S., Huang, D. S., & Deeks, A. J. (2013). Desempenho compressivo do bambu laminado. *Composites Part B: Engineering, 54*, 319-328.
- De Flander, K., & Rovers, R. (2009). Uma casa com estrutura de bambu laminado por hectare e por ano. *Construção e Materiais de Construção, 23*(1), 210-218.

- Lin, C. J., Tsai, M. J., & Wang, S. Y. (2006). Técnicas de avaliação não destrutiva para avaliar a dinâmica de
  módulo de elasticidade da lâmina de bambu moso (Phyllosachys edulis). *Journal of wood science*, *52*(4), 342-347.
- Sulaiman, O., Hashim, R., Wahab, R., Ismail, Z. A., Samsi, H. W., & Mohamed, A. (2006). Avaliação da resistência ao cisalhamento do bambu laminado tratado com óleo. *Bioresource technology*, *97*(18), 2466-2469.
- Paes, J. B., de Oliveira, A. K. F., de Oliveira, E., & de Lima, C. R. (2009). Caracterização físico-mecânica do bambu laminado colado (Dendrocalamus giganteus). *Ciência Florestal*, *19*(1), 41-51.
- Verma, C. S., & Chariar, V. M. (2012). Desenvolvimento de compósito de bambu laminado em camadas e suas propriedades mecânicas. *Composites Part B: Engineering*, *43*(3), 1063-1069.
- Asmah, A. E., Daitey, S. T., & Steiner, R. (2016). MADEIRA DE BAMBU LAMINADO PRODUZIDA LOCALMENTE: UM POTENCIAL SUBSTITUTO PARA A ESCULTURA EM MADEIRA TRADICIONAL NO GANA. *Revista Europeia de Investigação e Reflexão em Artes e Humanidades Vol*, *4*(1).
- Rittironk, S., & Elnieiri, M. (2008, setembro). Investigando a madeira serrada de bambu laminado como alternativa à madeira serrada de madeira na construção residencial nos Estados Unidos. Em *Proc., 1st Int. Conf. sobre Estruturas Modernas de Bambu* (pp. 83-96). CRC Press, Boca Raton, FL.
- Rittironk, S. (2009). *Investigating Laminated Bamboo Lumber as a viable structural material in architectural applications*. Instituto de Tecnologia de Illinois.

Printed by Books on Demand GmbH, Norderstedt / Germany